辅食每周怎么吃

艾贝母婴研究中心◎编著

四川科学技术出版社

前言 FOREWORD

做妈妈是一件很幸福的事。当你看着由自己十月怀胎孕育出来的小生命在怀中渐渐长大，一天天变得活泼可爱起来的时候，其中的满足和快乐难以形容。

但是，养育宝宝的过程中也会有烦恼。例如，什么时候给宝宝断奶？什么时候该给宝宝添加辅食？宝宝能吃哪些辅食？怎样给宝宝添加辅食才能使宝宝获得充足的营养？……在辅食添加的道路上，是不是感觉自己在不断地破解一个又一个难关？现在本书来帮你各个击破吧！

针对6月龄后宝宝的辅食喂养问题，本书没有过多地进行理论讲述，而是为妈妈提供了200多道丰富的辅食食谱，以及几种宝宝常见疾病的调理食谱，让妈妈不再为如何满足宝宝娇嫩的小肠胃而烦恼。

辅食添加是一个循序渐进的过程，妈妈能不能顺利过关，就要看自己平时积累下来的育儿知识有多丰富、生活智慧有多深厚了。只要你认真阅读这本书，并在实践中勤加应用，相信很快就会掌握为宝宝断奶和添加辅食的技巧，让宝宝在你的智慧和爱心中健康、快乐地成长。

目录 contents

妈妈关心的辅食基本知识

6月龄：小小品尝家的辅食体验

7月龄：练吞咽，糊向泥过渡

8月龄：开始添加蛋黄和豆腐啦！

9月龄：可以给宝宝来点鱼泥

10月龄：尝尝美味又营养的虾

11月龄：细嚼慢咽吃吃软米饭

12月龄：宝宝可以吃全蛋啦

1岁以后：辅食快变成主食了

对宝宝疾病有辅助治疗作用的功能食谱

妈妈关心的
辅食基本知识

辅食添加是宝宝喂养的一个重要阶段，面对如此重要的阶段，妈妈们会比较紧张。本章为妈妈们解答在辅食添加中关心的问题，让妈妈们可以不再困惑地听着众多消息，茫然地面对辅食添加，而是信心满满地面对宝宝添加辅食的每一餐。加油！

宝宝辅食何时添加

辅食添加的时间一直以来有不同的说法，但每个宝宝的生长发育情况不一样，因此添加辅食的时间也不能一概而论，辅食添加并不是越早越好，妈妈要仔细观察宝宝可以吃辅食的种种信号。

宝宝的辅食添加黄金期

世界卫生组织通过的最新的婴儿喂养报告，提倡在出生至6个月纯母乳喂养，6个月以后在母乳喂养基础上添加辅食，而母乳喂养最好坚持到1岁以上。一般来说，纯母乳喂养的宝宝，如果体重增加理想，可以到满6个月时添加辅食；人工喂养及混合喂养的宝宝，在满4个月后，身体健康的情况下，逐渐开始添加辅食。

目前，我国卫生部门也提出建议在婴儿进入第6个月后再添加辅食。但是具体到每个宝宝，该什么时候开始添加辅食，父母应视宝宝的健康及生长状况决定，辅食添加时间应按宝宝成长需要而非完全由年龄来决定。如果你觉得宝宝很健康，可以在6个月之前添加辅食，但最好先去咨询儿保医生，得到医生的许可再添加。

值得注意的是，无论何种方式喂养的宝宝，均应在满6个月时开始添加辅食。

辅食添加过早或过晚的危害

过晚

辅食添加过晚的风险在于：婴儿不能及时补充到足够的营养。比如，母乳中铁的含量是很少的，如果超过6个月不添加辅食，婴儿就可能会患缺铁性贫血。国际上一般认为，添加辅食最晚不能超过8个月。另外，半岁左右的婴儿进入味觉敏感期，及早添加辅食，让婴儿接触多种质地或味道的食物，对日后避免偏食、挑食有帮助。

过早

辅食添加过早易引起过敏、腹泻等问题。有调查显示，一些农村地区的婴儿在4个月或不到4个月就开始吃米糊，所以腹泻发生普遍，还有一些婴儿出现了消化道感染。另外，辅食添加如果过早会使母乳吸收量相对减少，而母乳的营养是最好的，这样替代的结果是得不偿失的。

可以添加辅食的信号

体重是否足够

是否给宝宝添加辅食要考虑到宝宝的体重。增加辅食时宝宝的体重需要达到出生时的2倍，至少达到6千克。如果你的宝宝体重达到了这样的增长标准，那么就可以考虑给宝宝做辅食添加的准备了。

是否具有想吃东西的行为

如别人在宝宝旁边吃饭时，宝宝会来抓汤匙，抢筷子；或者宝宝将手或玩具往嘴里塞，这一系列行为都说明宝宝对吃饭有了兴趣。这时你就可以开始学习如何给宝宝做辅食了。

发育是否成熟

当你的宝宝能控制头部和上半身，能够扶着或靠着坐，胸能挺起来，头能竖起来，宝宝可以通过转头、前倾、后仰等来表示想吃或不想吃时，再开始添加辅食，这样就不会发生强迫喂食的情况。

是否有吃不饱的表现

比如宝宝原来能一夜睡到天亮，现在却经常半夜哭闹，或者睡眠时间越来越短；每天母乳喂养次数增加到8 ~ 10次或喂配方奶粉1 000毫升，但宝宝仍处于饥饿状态，过一会儿就哭，过一会儿就想吃。宝宝在出生6个月左右出现生长加速期的时候，是开始添加辅食的最佳时机。

伸舌反射是否消退

很多父母都发现刚给宝宝喂辅食时，宝宝常常把刚喂进嘴里的东西吐出来，认为是宝宝不爱吃。其实宝宝这种伸舌头的表现是一种本能的自我保护，称为“伸舌反射”，说明喂辅食还不到时候。伸舌反射一般在4个月左右才会消失。

宝宝尝试吃东西的行为

如果当爸爸妈妈舀起食物放进宝宝嘴里时，宝宝会尝试着舔进嘴里并咽下，显得很高兴、感觉很好吃的样子，说明宝宝对吃东西有兴趣，这时你可以放心给宝宝喂食了。如果宝宝将食物吐出，把头转开或推开你的手，说明宝宝不要吃也不想吃。你一定不能勉强喂食，隔几天再试试。

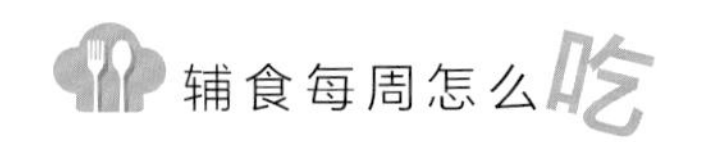

添加方法早知道

从含铁米粉开始添加

在过去很长一段时间，宝宝第一次添加的辅食大多是蛋黄，那时普遍认为蛋黄可以补铁。但近年研究发现，蛋黄虽然含铁量比较高，但不容易被婴儿吸收，过早给宝宝添加蛋黄容易造成过敏，表现为呕吐、皮疹，甚至腹泻。因此，2002年世界卫生组织提出，谷类食物应该是婴儿首先添加的辅食，最开始可以从婴儿阶段专用的含铁米粉起步。因为，在谷类食物中，米粉比面粉更不容易引起过敏；而且，一般6个月后，婴儿体内的铁已经消耗完了，而母乳中的铁不能完全满足宝宝生长发育的需要，此时，强化铁的米粉可以弥补这方面的不足。

虽然肉类食物，特别是瘦肉，也含有丰富的铁，但即使制作成糊状也需要咀嚼后才能咽下，而且肉类食物中含有较多的饱和脂肪酸（鱼除外），不易消化，婴儿消化酶的数量和活性都没有发育完善，过早吃肉会增加其消化系统的负担。因此，不满6个月的宝宝不要添加肉类辅食。

添加数量要由少到多

所谓“由少到多”是指食物量的控制，因为此前宝宝还没有接受过乳类以外的其他食物，最初1～2周内辅食的添加只是尝一尝、试一试。比如添加米粉，最初每次只给5～10克，稀释后用小勺喂给宝宝吃。如果第一次想给宝宝添加少量鸡蛋黄，一次也只能喂1/4个煮熟的鸡蛋黄，用奶水稀释或用温开水稀释后用小勺喂食。每天只添加一次，观察宝宝对新添加食物的反应。能不能消化吸收要看大便有无变化，例如，辅食添加后大便次数有没有明显增加；大便中的水分有没有明显增多，甚至出现水样便；大便的颜色有没有明显变化，如大便的颜色由黄色、棕黄色变成绿色、墨绿色，甚至出现许多泡沫。有时宝宝会有腹胀感，屁比较多。以上现象均说明宝宝对添加的食物不太适应，应该减少辅食的量。如果减量后大便仍然不正常，可以在医生同意后暂停添加辅食。

添加速度要循序渐进

所谓“循序渐进”是指食物添加的速度不宜过快，一般可以从每日添加 1 次过渡到每日添加 2 次，每次添加的数量不变；也可以每日添加的次数不变，只改变每次添加食物的数量，使宝宝的消化系统逐渐适应新添加的食物。一般如果添加了三四天或一周左右，宝宝很适应，可以考虑添加另一种新的辅食。宝宝生病时或天气太热时，应该延缓添加新的品种。

各类辅食的添加顺序

从种类讲，应按“谷物类食物—蔬菜—水果—动物性食物”的顺序添加。首先应该添加谷物类食物，并适当地加入含铁的营养物质（如婴儿含铁营养米粉），其次添加蔬菜汁或泥，然后是水果汁或泥，最后开始添加动物性食物（如蛋羹、鱼、禽、畜肉泥或肉松等）。

建议动物性食物的添加顺序为：蛋黄、鱼泥（剔净骨和刺）、全蛋（如蒸蛋羹）、肉末。

食物的性状由稀到稠、由细到粗

辅食的添加应由流质到半流质，然后再到半固体和固体，辅食中食物的颗粒也要有一个从细小到逐步增大的演变过程，使宝宝逐渐适应。

月龄	行为能力	食物质地	辅食品种
6个月	吞咽	流质、半流质、稀软泥糊	米粉、米汤、米糊、蔬菜糊、水果糊等
7个月	蠕嚼（舌+牙龈磨碎），可手抓握	稍厚的泥糊	米粉、软粥、果泥、菜泥、肉泥等
8个月	蠕嚼，会用手抓取	碎末状食物	蛋黄、果汁、菜泥、肉泥、菜粥、肉粥、烂面条等
9个月	细嚼（主要以牙龈咀嚼）	小颗粒状食物	米粉、果泥、菜泥、肉泥、蛋黄、菜粥、肉粥、烂面条、馒头、面包、鱼肉、豆腐等
10个月	细嚼，可自己用勺	稍大颗粒状食物	软米饭、软面、面片、菜饼等
11个月	咀嚼（主要以牙齿咀嚼）	大颗粒、小块状食物	虾仁、猪肉末、大颗粒的蔬菜及水果、豆腐肉丸子、馄饨、饺子等
12个月	咀嚼	块状食物	全蛋、五谷杂粮豆浆、鱼块、鸡腿、小排骨、沙拉、饭团、面点等

为宝宝添加辅食必知事项

初喂宝宝辅食需要耐心

第一次喂辅食时，有的宝宝可能会将食物吐出来，这只是因为宝宝还不熟悉新食物的味道，并不表示宝宝不喜欢。当宝宝学习吃新食物时，你可能需要连续喂宝宝数天，让宝宝习惯新的口味。

为进食创造愉快的气氛

最好在你感觉轻松、宝宝心情舒畅的时候为宝宝添加新食物。紧张的气氛会破坏宝宝的食欲以及进食的兴趣。

了解宝宝的身体语言

如果肚子饿了，宝宝看到食物时就会兴奋得手舞足蹈，身体前倾并张开嘴。相反，如果不饿，宝宝就会闭上嘴巴，把头转开或者闭上眼睛睡觉。

注意宝宝是否对食物过敏

当你开始喂宝宝辅食时，要注意观察，宝宝可能会对食物有过敏反应。医生建议每次只添加少量的单一种类食物，几天后再添加另一种。这样若宝宝有任何不良反应，你便可以立即知道是由哪种食物造成的了。

遇到生病时要推迟添加辅食的时间

初次给宝宝添加辅食，一定要避开生病的时候。如果遇到宝宝生病时，最好适当推迟添加，以免引起消化功能紊乱。当病情较重时，原来已添加的辅食也要适当减少。

吃流质或泥状食物不宜过久

不能长时间给宝宝吃流质或泥状的食物，这样会使宝宝错过发展咀嚼能力的关键期，可能导致宝宝在咀嚼食物方面产生障碍。

需为宝宝准备哪些进食用具

匙

匙需选用软头的婴儿专用匙，在宝宝独立使用的时候，不会伤到自己。

餐具

宝宝用的餐具重点看材质，要选择轻巧、安全无毒、不易碎、耐热的材质。最好选用底部带有吸盘的，能够固定在餐桌上，以免在进食时被宝宝当玩具给扔了。

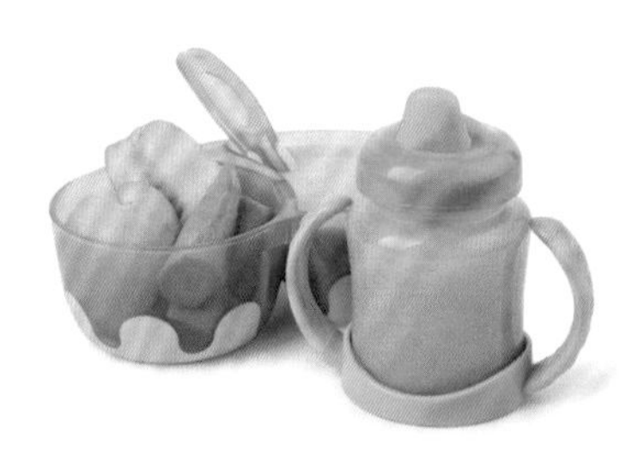

围嘴（罩衣）

半岁以前，只需用围嘴防止宝宝弄脏自己胸前的衣服；半岁以后，随着宝宝活动范围的增加，就需准备带袖的罩衣了。

口水巾

进食时随时需要擦拭宝宝的脸和手。

婴儿餐椅

婴儿餐椅可以培养宝宝良好的进餐习惯，会走路以后吃饭也不用追着喂了。

6 月龄：小小品尝家的辅食体验

当宝宝能独立坐着，小脑袋也能灵活转动了，也就到了该给宝宝添加辅食的时候了。爸爸妈妈要做的就是给宝宝准备好营养丰富、安全的食物。

宝宝发育特点素描

6个月左右的宝宝大多给予稍微辅助就能坐稳，可能也有些宝宝已能独坐。

体重

6个月时，男宝宝的平均体重为8.4千克（6.5 ~ 10.3千克）；女宝宝的平均体重为7.8千克（6.0 ~ 9.6千克）。此时的体重已为出生时的2倍多。

身长

6个月时，男宝宝的平均身长为68.6厘米（62.6 ~ 73.8厘米）；女宝宝的平均身长为67.0厘米（62.0 ~ 72.0厘米）。

牙齿

极个别的宝宝在4个月时就已经长出1 ~ 2颗乳牙。6个月时有些宝宝可能长出2颗牙，有些可能还没长牙。但由于受乳牙萌出的刺激，唾液分泌增多，流口水的现象会很明显，有些宝宝会出现咬奶头的现象。

辅食添加超级任务

- ☞ 6个月左右的宝宝饮食以母乳或配方奶为主，辅食添加以尝试吃为主要目的。添加的量从1 ~ 2勺开始，以后逐步增加。
- ☞ 这个阶段的宝宝处于吞咽期，宝宝的舌头只会前后运动，辅食应为流质、半流质、稀软泥糊状，稀稠度与原味酸奶相似。当糊状食物进入宝宝口中后，宝宝仅能通过闭嘴和舌头向后运动的过程吞咽食物。如果口腔中的食物稍微多一点，宝宝就无法正常吞咽，会出现吐出食物的现象。

辅食添加原则

- ☞ 奶和奶制品是宝宝的主要食物。每日饮奶量为600 ~ 800毫升，不要超过1000毫升。
- ☞ 提前进行规律哺乳的训练，一般以每日哺乳5次，间隔4小时为宜。
- ☞ 食物要呈泥糊状，滑软、易咽，不要加任何调味剂（如盐、味精、鸡精、酱油、香油、糖等）。
- ☞ 使用小勺喂食。选择大小合适、质地较软的汤匙。开始时，只在小勺前

面舀上少许食物，轻轻地平伸小勺，放在宝宝的舌尖部位上，然后撤出小勺。要避免小勺进入口腔过深或用勺压宝宝的舌头，这会引起宝宝的反感。

☞ 最初两天进食量以 1 ~ 2 勺开始，若宝宝消化、吸收得很好，再慢慢增加一些。

☞ 每添加一种新的食物，要在前一种食物食用 3 ~ 5 天，宝宝没有出现任何异常之后进行。可以从添加最不容易引起过敏的婴儿米粉开始，慢慢增加米粥稠汁、土豆、南瓜、苹果、红薯、黄瓜等味道清淡且容易消化的食材。

☞ 每天加 1 ~ 2 次辅食即可，喂食时间为两次喂母乳或配方奶粉之前，先喂辅食，紧接着喂奶，让宝宝一次吃饱。

一周食谱举例

餐次	第1餐	第2餐	第3餐	第4餐	第5餐	第6餐
周一	母乳或配方奶	母乳或配方奶	母乳或配方奶	母乳或配方奶	米粉糊	母乳或配方奶
周二	母乳或配方奶	母乳或配方奶	母乳或配方奶	母乳或配方奶	米粉糊	母乳或配方奶
周三	母乳或配方奶	母乳或配方奶	母乳或配方奶	母乳或配方奶	米粉糊	母乳或配方奶
周四	母乳或配方奶	大米汤	母乳或配方奶	母乳或配方奶	米粉糊	母乳或配方奶
周五	母乳或配方奶	胡萝卜汁米粉	母乳或配方奶	母乳或配方奶	大米汤	母乳或配方奶
周六	母乳或配方奶	苹果糊	母乳或配方奶	母乳或配方奶	胡萝卜汁米粉	母乳或配方奶
周日	母乳或配方奶	胡萝卜汁米粉	母乳或配方奶	母乳或配方奶	苹果糊	母乳或配方奶

米粉糊

准备好:

含铁婴儿米粉 10 克，温水 30 毫升。

这样做:

在消过毒的碗中倒入温开水，一边倒入米粉一边搅拌，调成稀糊状，质感应该和原味酸奶的稀稠度差不多。

喂养小叮咛:

第一次的尝试只是浅尝，不是为了吃饱哦，妈妈要注意掌握好量。

不建议用奶、米汤冲调婴儿配方米粉。因为用奶冲调婴儿配方米粉会增加宝宝的胃肠和代谢压力，造成消化不良的问题。而且米粉是宝宝饮食过渡到成人食物的第一步，如果加入奶粉味道太浓郁，不利于宝宝日后接受成人食物。妈妈要用温水冲调婴儿配方米粉，等宝宝适应米粉的味道后，可以逐渐加入已经尝试过的蔬菜泥、肉泥等进行混合。

胡萝卜汁米粉

准备好：

米粉 30 克，胡萝卜 30 克。

这样做：

① 胡萝卜洗净，放入开水中焯一下，捞出切丁，再放入少许清水中烧开，转小火将胡萝卜煮软至汤汁变红，过滤出汁液。

② 把胡萝卜汁稍微晾凉，用来冲调米粉，待到温热时给宝宝喂食。

喂养小叮咛：

刚开始可以将米粉冲得稀一点用奶瓶喂。不过最好在一两周内将米粉慢慢加稠，同时过渡到用勺喂，以培养宝宝的吞咽能力。

大米汤

准备好：

大米 50 克，水 100 毫升。

这样做：

① 将大米用清水淘洗干净。锅内倒入适量清水，用小火将其烧开。

② 待锅内水烧开后，放入淘洗干净的大米，继续以大火煮开，转成小火将其煮成浓稠的粥，待温后取津汤（米粥上的清液）30 ~ 40 毫升喂宝宝。

喂养小叮咛：

维生素 B_1 是大米中的一种重要的营养成分，有保护神经系统的作用。

玉米汁

准备好：

新鲜玉米粒 50 克。

这样做：

① 将新鲜玉米粒洗净，放到搅拌机里打成浆。

② 用干净的纱布进行过滤，去掉渣。

③ 将过滤出来的玉米汁放到锅里，煮成糊糊即可。

喂养小叮咛：

玉米含有 30 多种营养活性物质，能帮助宝宝增强免疫力，促进大脑细胞的发育。

米汤

准备好：

小米 50 克，水 100 毫升。

这样做：

① 将小米用清水淘洗两遍，去掉杂质。

② 煮锅中加水烧开，放入淘洗干净的小米，熬成稠粥，取上层浓稠的米汤喂食。

喂养小叮咛：

妈妈在食材上可以选择有机小米，而且要选单一的谷物，不要把小米和大米混合。这样宝宝如果对此食材有反应会及时看出来。在宝宝适应了单一品种粮食煮的米汤后，可以用两种及以上粮食一起煮，以充分发挥氨基酸的互补作用。

南瓜糊

准备好：

南瓜50克。

这样做：

①将南瓜洗净，削皮，去籽，切成小块。

②放入小碗中，加上少许水，上锅蒸15分钟左右。

③把蒸好后的南瓜用勺背碾压成细腻的糊状即可。

喂养小叮咛：

宝宝添加辅食的初期，制作量都很少，故南瓜蒸好后直接用勺子碾压成糊状即可。

红薯糊

准备好：

红薯50克。

这样做：

①红薯洗净，去皮，切成小块，放入碗中，加入适量水，放入蒸锅，隔水蒸熟。

②将蒸熟后的红薯取出，用勺子碾压成稀糊状。

喂养小叮咛：

如果有烤箱，也可以用烤箱把红薯烘烤熟后，压成糊状；或者将红薯煮熟，碾压成泥也可以。

胡萝卜糊 

准备好：

胡萝卜 50 克。

这样做：

① 胡萝卜洗净，削皮，切成小块，放入小碗中，上锅蒸 15 分钟左右至熟软。

② 蒸好的胡萝卜用勺背碾压成泥，加入少量温开水即可。

喂养小叮咛：

胡萝卜富含 β- 胡萝卜素，可转化为对视力发展和皮肤健康有利的维生素 A，它是一种脂溶性维生素，吃完辅食后吃奶，奶中所含的丰富的油脂能促进维生素 A 的吸收。

土豆泥

准备好：

新鲜土豆 50 克。

这样做：

① 将选好的土豆洗净、去皮，切成小块，上蒸锅隔水蒸至熟软。

② 取出蒸好的土豆块，放到细筛网里，用勺背碾压过筛成细腻的泥状即可。

喂养小叮咛：

可以用米汤或肉汤将土豆泥调得稀一点。

玉米面糊

准备好：

玉米面20克，凉开水50毫升。

这样做：

① 玉米面加凉开水搅拌至没有颗粒的稀糊状。

② 大火烧开锅中的水，将搅拌好的玉米糊倒入锅中，边倒边搅拌，大火煮开后，转小火继续熬煮5～10分钟即可。

喂养小叮咛：

玉米香甜的滋味，令宝宝没办法抗拒！但是玉米一次不能吃多，容易引发胀气、不消化。

茄子泥

准备好：

嫩茄子50克。

这样做：

① 将茄子洗净，削去皮，切成1厘米左右的细条。

② 放到一个小碗里，上锅蒸15分钟左右。

③ 把蒸好的茄子用小勺在干净的不锈钢滤网上挤成泥即可。

喂养小叮咛：

茄子中维生素P的含量很高。维生素P能保护心血管，有帮助宝宝防治维生素C缺乏症的功效。

番茄糊

准备好：

熟透的新鲜番茄60克，温开水约30毫升。

这样做：

① 将番茄清洗干净。

② 锅内放少量水，烧开，将洗好的番茄放入沸水中烫2分钟。

③ 取出番茄，剥皮，切成小块，在干净的不锈钢滤网上碾碎，滤除籽。

④ 加入少量温开水搅匀即可。

喂养小叮咛：

番茄所含的苹果酸或柠檬酸有助于胃液对脂肪及蛋白质的消化。但因为宝宝的肠胃功能没有发育完善，过酸反而容易伤胃，所以在喂宝宝时要加入少量水稀释，这样可以让宝宝更好地接受。

藕粉奶羹

准备好：

藕粉 100 克，配方奶 150 毫升。

这样做：

① 藕粉用凉水调匀，倒入锅中用小火熬煮，一边煮一边搅拌均匀。

② 当藕粉羹变透明后，再用小火稍稍熬煮 1 分钟左右关火，待稍凉后加入配方奶，搅拌均匀。

喂养小叮咛：

妈妈一定要给宝宝选择纯藕粉，因其含有铁元素和还原糖等成分。

苹果糊

准备好：

苹果 100 克。

这样做：

① 苹果清洗干净，去皮和果核，切成小块后放在一个碗中，将碗移入蒸锅，隔水蒸 15 分钟左右。

② 取出，蒸出的汤汁不要倒掉，将苹果连同汤汁一起用勺子碾压成糊状。

喂养小叮咛：

因为宝宝的胃肠功能没有发育完善，在最初给宝宝添加水果时，应该蒸熟或煮熟后给宝宝吃，以后逐渐给宝宝食用新鲜的水果。

香蕉泥

准备好：

香蕉 50 克。

这样做：

① 将香蕉去皮。

② 用勺子将香蕉肉压成泥状即可。

喂养小叮咛：

妈妈要选用熟透的香蕉，生香蕉含有较多的鞣酸，对消化道有收敛作用，摄入过多会引起便秘或加重便秘。

7 月龄：练吞咽，糊向泥过渡

随着宝宝的成长，流质、半流质的辅食已经不能满足其需要了。宝宝已经做好准备，去接受更浓稠、更粗糙一些的食物了。先从熟悉的食材入手，再慢慢添加新的食材，不要只固定在少数几种食材上，肉泥也可以添加进来了，这些菜泥和肉泥都可以和婴儿配方米粉混合喂给宝宝吃。

宝宝发育特点素描

这一阶段的宝宝较前6个月又有了新的变化，不论是体形、牙齿、动作还是语言等方面都在进一步完善。

体重

这个阶段宝宝的体重已接近出生时体重的3倍，增长的速度开始趋于平稳。男宝宝的体重为8.91±0.95千克；女宝宝的体重为8.39±0.8千克。

身长

这个阶段宝宝的身长增长得很快，父母可以很明显地看出宝宝的变化。一般来说身长平均增长1.2厘米左右。男宝宝的身长为70.0±3.5厘米；女宝宝的身长为68.6±1.5厘米。

牙齿

大部分宝宝的下牙床中央已长出1～3颗牙齿。但个体差异很大，对于没有出牙的宝宝，父母也不用过分担心，有些宝宝要到周岁时才开始长牙。

辅食添加超级任务

☞ 6个月以后，妈妈乳汁的质和量都已经开始下降，难以完全满足宝宝生长发育的需要，所以添加辅食显得更为重要。除继续让宝宝熟悉各种食物的新味道和感觉外，还应该使辅食取代一顿奶而成为独立的一餐。

☞ 7～8个月的宝宝对食物的接受程度大大提高。宝宝的牙床已经非常坚硬，有的宝宝长出了几颗小牙齿，即使没有牙齿也会用舌头和上腭压夹食物，将食物压碎。压碎食物时，宝宝的嘴巴会向左右伸缩扭动。一般将这个时期称为蠕嚼期。这时可以给宝宝喂一些稍硬的食物，以锻炼宝宝的咀嚼能力。

☞ 这个阶段，宝宝的胃蛋白酶开始发挥作用，可以慢慢接受肉类食物，但这并不表明宝宝的消化功能已经接近成人了。所以，在食物的添加上，妈妈仍然要坚持辅食添加循序渐进的总体原则。

辅食添加原则

☞ 奶和奶制品仍是宝宝的主要食品。每日饮奶量为 600 ~ 800 毫升，不要超过 1 000 毫升。

☞ 观察宝宝的大便。如出现腹泻，表明宝宝发生了消化不良，需要停止添加当前辅食。如大便中带有未消化的食物，需要降低食物的摄入量或将食物做得更细小一些。

☞ 不要喂得过饱。宝宝在 1 岁以内，营养摄入的主要来源仍是奶类。如果辅食喂得过多，宝宝可能会自动减少奶量的摄入。

☞ 经常更换食物。宝宝会厌烦总是吃一种食物。当宝宝拒绝吃之前爱吃的食物时，说明需要给宝宝换口味了。

☞ 继续尝试一些新食物，新食物依旧要一种一种地尝试；对于之前已经尝试过了没有问题的食物可以试着混搭，让宝宝感受复合味道了。

一周食谱举例

餐次	第1餐	第2餐	第3餐	第4餐	第5餐	第6餐
周一	母乳或配方奶	菠菜糊	母乳或配方奶	母乳或配方奶	红薯泥	母乳或配方奶
周二	母乳或配方奶	鸡肝泥	母乳或配方奶	母乳或配方奶	菜花泥	母乳或配方奶
周三	母乳或配方奶	菜花泥	母乳或配方奶	母乳或配方奶	蔬菜米汤	母乳或配方奶
周四	母乳或配方奶	小米胡萝卜糊	母乳或配方奶	母乳或配方奶	鸡肉米粉糊	母乳或配方奶
周五	母乳或配方奶	胡萝卜苹果泥	母乳或配方奶	母乳或配方奶	土豆西蓝花泥	母乳或配方奶
周六	母乳或配方奶	鸡肉土豆泥	母乳或配方奶	母乳或配方奶	猪肝土豆泥	母乳或配方奶
周日	母乳或配方奶	胡萝卜苹果泥	母乳或配方奶	母乳或配方奶	苹果梨子泥	母乳或配方奶

宝宝辅食轻松做

菠菜糊

准备好：

菠菜叶 3 片，玉米粉 20 克。

这样做：

① 将菠菜叶洗净，放入开水中焯一下，捞出控水切碎。

② 将切碎的菠菜叶放入锅中，煮熟或蒸熟后，磨碎、过滤（去汁）。

③ 将菠菜泥放入锅中，加入少许水，边搅边煮，加入玉米粉及适量水，继续加热搅拌煮成黏稠状即可。

喂养小叮咛：

确定宝宝对食材没有异常反应后，妈妈可在其中混搭新口味，帮助宝宝适应新的混合后食物的口味，以增加宝宝进食丰富食物的意愿。

红枣泥

准备好：

红枣 3 枚。

这样做：

① 红枣洗净，放入碗中，加一勺水。

② 将碗移入蒸锅中，隔水蒸 15 ～ 20 分钟至红枣软熟。

③ 去掉红枣的皮与核后，将红枣肉用勺背碾压成泥即可。

喂养小叮咛：

妈妈一定要把红枣皮去净，不要让宝宝吃得太多，以免造成膳食不均衡，每次 2 ～ 3 勺比较合适。红枣容易引发龋齿，宝宝吃完红枣后要喝一点温水。

菜花泥

准备好：

菜花30克。

这样做：

① 将菜花洗净，切碎。

② 将菜花放到锅里煮软。

③ 将煮好的菜花放到干净的碗里，用小勺按压成泥即可。

喂养小叮咛：

菜花洗净后用盐水浸泡10分钟，以去除残留农药。

红薯泥

准备好：

红薯50克。

这样做：

① 将红薯洗净，去皮，煮熟。

② 将蒸熟的红薯切成小块，用小勺按压成泥即可。

喂养小叮咛：

制作时，要去净红薯皮，而且一定要把红薯煮透，否则红薯里的“气化酶”不经高温破坏，容易使宝宝产生腹胀感。红薯泥含有丰富的糖类及维生素C等多种维生素。

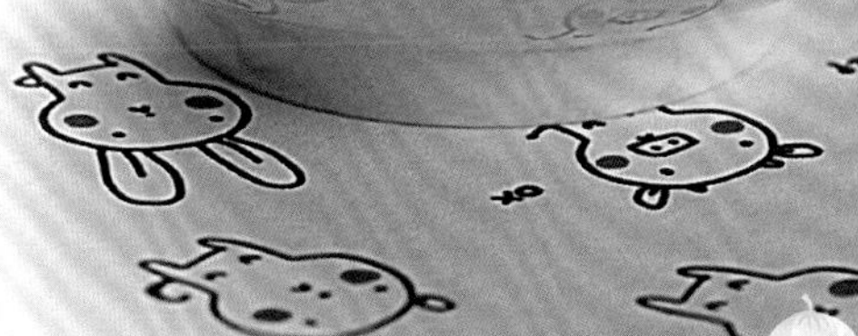

胡萝卜泥

准备好:

胡萝卜30克，配方奶20毫升。

这样做:

①将选好的胡萝卜去掉根须，洗干净，竖切一刀，把胡萝卜剖开，去掉里面的硬芯，切成1厘米见方的丁。

②把胡萝卜放到锅里，加上适量的水煮至熟软；或放到小碗里，上锅蒸熟。

③将熟软的胡萝卜放到一个小碗里，用小勺捣成泥，加配方奶搅匀即可。

喂养小叮咛:

做胡萝卜泥一定要加少量的牛奶或配方奶，不然里面的胡萝卜素不容易被宝宝吸收。

豌豆泥

准备好:

新鲜豌豆荚50克。

这样做:

① 将新鲜豌豆荚中的豌豆一粒一粒剥好备用。

② 剥好的豌豆放入碗中，放入蒸锅，隔水蒸至熟软。

③ 将蒸熟的豌豆用勺压成有细小颗粒的糊即可。

喂养小叮咛:

妈妈最好买带壳的豌豆荚自己剥皮。宝宝对每种食材度过最初的适应期后，妈妈要让宝宝多接触各种食物的味道，促进味觉发育。

红小豆泥 ♥

准备好：

红小豆 30 克，植物油少许。

这样做：

① 将红小豆拣去杂质，用清水洗净，放入加了冷水的锅里，先用旺火烧开，再盖上盖，改用小火焖至熟烂。

② 将炒锅放在火上烧干，加入植物油，倒入焖好的豆泥，改用小火翻炒均匀即可。

喂养小叮咛：

红小豆是一种高蛋白、低脂肪、高营养、多功能的小杂粮。煮好后的红小豆泥也可以拌在米粥里吃。

鸡肝泥

准备好：

鸡肝 20 克。

这样做：

① 把鸡肝放在清水中浸泡 2 ~ 3 小时，再用水冲净，去除筋膜后切成小块。

② 把鸡肝块放在蒸锅里，隔水蒸 15 分钟。

③ 把蒸好的鸡肝碾压成泥状即可。

喂养小叮咛：

肝脏是解毒的器官，制作之前一定要用清水浸泡，目的是把鸡肝内的血水泡出，如果血水过多，中途需要更换一次清水。

猪肉泥

准备好：

猪瘦肉 50 克。

这样做：

① 将猪瘦肉用水清洗干净表面杂质，切成小块，放入搅拌机中打成肉泥备用。

② 打好的肉泥放入碗内，加少许清水，移入蒸锅，隔水中火蒸 7 分钟至熟即可。

喂养小叮咛：

肉泥一定要做得细细的。宝宝适应后，也可以将肉泥加入婴儿配方米粉混合喂给宝宝。

鸡肉米粉糊

准备好：

鸡胸肉 30 克，婴儿配方米粉 30 克。

这样做：

① 将鸡胸肉用水冲洗净表面杂质，切成小块，放入搅拌机中打成鸡肉泥备用。

② 将鸡肉泥放入蒸锅隔水蒸 8 分钟至熟。

③ 将婴儿配方米粉用温水调匀后，与蒸制好的鸡肉泥混合，搅拌均匀即可。

喂养小叮咛：

不要诱导喂食，吃完辅食紧接着喂奶，宝宝能一次吃饱，才会对辅食和奶保持充分的兴趣。

牛肉汤米糊

准备好：

牛肉 50 克，婴儿米粉 30 克。

这样做：

① 将牛肉洗净，切片。

② 锅置火上，加入适量清水，放入牛肉片，熬制 1 小时。

③ 将牛肉滤出，留下肉汤，等肉汤稍凉后加入婴儿米粉中搅拌均匀即可。

喂养小叮咛：

牛肉能补充蛋白质、肽类和氨基酸，给宝宝吃非常有营养。给宝宝冲婴儿米粉时，可经常加入一些鱼汤、肉汤之类的，会更有营养。

鸡肉土豆泥

准备好：

土豆 50 克，鸡胸肉 30 克，鸡汤 50 克，配方奶 20 毫升。

这样做：

① 将鸡胸肉洗净，剁成肉末备用；土豆洗净，去皮后切成小块，煮至熟软后用小勺压成泥。

② 锅内加入鸡汤、土豆泥、鸡肉末煮至黏稠后熄火。

④ 将土豆泥放至温热，加入配方奶拌匀即可。

喂养小叮咛：

土豆含有丰富的钾和镁，鸡肉含有丰富的蛋白质、维生素、烟酸、铁、钙、磷、钠、钾等营养素，能为宝宝提供比较全面的营养，促进宝宝的生长发育。

小米胡萝卜糊

准备好：

小米50克，胡萝卜50克。

这样做：

① 小米淘洗干净，放入小锅中熬成粥，取上层米汤备用。

② 胡萝卜去皮，洗净，切块，放入蒸锅蒸至熟软，取出碾压成泥状（可保留一些颗粒感）。

③ 将小米汤和胡萝卜泥混合调成糊状即可。

喂养小叮咛：

胡萝卜所含的β-胡萝卜素可转化成维生素A，可预防眼干和夜盲症，有利于宝宝健康成长。小米可补充B族维生素和膳食纤维，营养全面。

苹果梨子泥

准备好：

苹果50克，梨50克。

这样做：

① 将苹果、梨分别洗净，去皮，切成小块。

② 把切好的苹果块、梨块放入搅拌机内，搅打成泥即可。

喂养小叮咛：

苹果是个好食材，味道很好，与梨子混搭后味道更加清香。而且这两种水果都是低致敏的食材，妈妈可以放心混搭。

猪肝土豆泥

准备好：

新鲜猪肝 30 克，土豆 50 克，嫩菠菜叶 10 克，高汤少许。

这样做：

① 新鲜猪肝洗净，去掉筋、膜，放在砧板上，用刀或不锈钢汤匙按同一方向以均衡的力量刮出肝泥。

② 土豆洗净，去皮后切成小块，煮至熟软后用小勺压成泥。

③ 将嫩菠菜叶放到开水锅中焯 2 ~ 3 分钟，捞出来沥干水分，剁成碎末。

④ 锅里加入高汤和适量清水，再加入猪肝泥和土豆泥，用小火煮 15 分钟左右，待汤汁变稠，把菠菜末均匀地撒在锅里，关火，即可。

喂养小叮咛：

菠菜和猪肝都含有丰富的铁质，是宝宝补铁的必选食物，土豆含有丰富的钾和镁，故猪肝土豆泥是宝宝补充铁质和其他微量元素的理想选择。

香蕉甜橙汁 

准备好：

香蕉 50 克，甜橙 50 克。

这样做：

① 甜橙去皮，切成小块儿，放入榨汁机中，加适量清水榨成汁，倒入小碗里。

② 香蕉去皮，用汤匙刮泥置入甜橙汁中即可。

喂养小叮咛：

香蕉含有丰富的钙、磷、铁、胡萝卜素、维生素等，特别是含钾量较高，对宝宝身体发育非常有益。

胡萝卜苹果泥 

准备好：

苹果 50 克，胡萝卜 50 克。

这样做：

① 胡萝卜、苹果洗净后，去皮，切块，加水煮熟。

② 将煮熟的胡萝卜和苹果均放入料理机打成泥即可。

喂养小叮咛：

苹果中含有神奇的“苹果酚”，极易在水中溶解，易被人体所吸收。而且苹果酚能缓解过敏症状，有一定的抗过敏作用。

蔬菜米汤

准备好：

大米 30 克，土豆 20 克，胡萝卜 20 克。

这样做：

① 大米淘净，用水泡半小时；土豆和胡萝卜切成小块备用。

② 将大米和切好的蔬菜倒入锅中，加适量的清水，煮至米和蔬菜熟烂，然后将煮好的食物过滤一遍，即可喂食。

鸡肉西葫芦泥

准备好：

鸡胸肉 30 克，西葫芦 50 克。

这样做：

① 将鸡胸肉在小汤锅内煮熟后打成泥备用。

② 西葫芦洗净，去皮，切成小块，上蒸锅隔水蒸 8 分钟至熟，然后压成泥。

③ 将鸡肉泥和西葫芦泥混合即可。

喂养小叮咛：

确定宝宝对食材没有异常反应后，妈妈要在熟悉的食材中混搭新口味，帮助宝宝适应新的混合食物的口味，以满足宝宝进食丰富食物的意愿。

土豆西蓝花泥

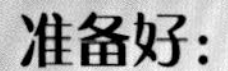

准备好：

土豆 20 克，西蓝花 50 克。

这样做：

① 土豆去皮，切片，放入沸水中煮熟，压碎。

② 西蓝花洗净，放入沸水中煮熟，同样压碎。

③ 将压碎的土豆和西蓝花混合，搅拌成稍微带有一些颗粒感的泥状即可。

喂养小叮咛：

因为西蓝花含有丰富的维生素 A、维生素 C 和钙，土豆含有丰富的淀粉，所以土豆西蓝花泥是很棒的搭配，是 7 个月宝宝不错的辅食选择。

香蕉胡萝卜玉米羹

准备好:

香蕉 30 克，玉米面 50 克，胡萝卜 30 克。

这样做:

① 将胡萝卜洗净切小块，焯烫后用榨汁机榨出胡萝卜汁；玉米面用凉开水调成稀糊备用。

② 将香蕉剥去皮，切成小块，用小勺捣成泥。

③ 锅内加适量水烧开，倒入玉米糊，用小火煮，边煮边搅拌，闻到玉米香味时加入香蕉泥，倒入备好的胡萝卜汁，再煮 2 分钟左右熄火，待温度适宜即可食用。

喂养小叮咛:

胡萝卜素可在机体内转化成维生素 A，益肝明目。

8 月龄：开始添加蛋黄和豆腐啦！

这个月宝宝可能长出 2 ~ 4 颗乳牙了，妈妈给宝宝做的辅食也应该比上个月粗糙，最好带有颗粒。这时妈妈需要改变宝宝的辅食性质了，增加一些菜粥、肉粥、烂烂的面条等类似辅食，锻炼宝宝的咀嚼能力；还可以多增加一些蛋白质类辅食。

宝宝发育特点素描

这一阶段的宝宝有了新的变化，爬的能力越来越强，不仅会独立坐，而且能从坐位转为躺下，还能从俯卧的姿势坐起。宝宝的小手指更为灵活了，可以拿住细小的东西，会独自吃磨牙饼干。

体重

这个阶段，宝宝的体重已接近出生时体重的 3 倍，增长的速度开始趋于平稳。男宝宝的体重为 8.91 ± 0.95 千克；女宝宝的体重为 8.39 ± 0.8 千克。

身长

这个阶段，宝宝的身长增长得很快，父母可以很明显地看出宝宝的变化。一般来说身长平均增长 1.2 厘米左右。男宝宝的身长为 70.0 ± 3.5 厘米；女宝宝的身长为 68.6 ± 1.5 厘米。

牙齿

8 个月宝宝乳牙继续萌出，流口水的现象会持续。有的宝宝出牙 2 ～ 4 颗。但是妈妈也不用为宝宝没长够 4 颗牙而担心。只要宝宝发育、发展正常，没有特别的疾病，即使晚些开始长牙也不必担心。

辅食添加超级任务

☞ 不管这个月龄的宝宝长出几颗乳牙，妈妈都要改变辅食性质了，应该给宝宝吃一些较上月粗糙些并带有颗粒的辅食了，如菜粥、肉粥、烂烂的面条等，以增加对宝宝咀嚼能力的训练。

☞ 给宝宝单独添加蛋黄后没有出现如胃肠不适、腹泻、呕吐、出疹子等异常现象，妈妈就可以放心地给宝宝添加蛋黄了。但是蛋黄不能单独作为一顿辅食给宝宝，最好和婴儿配方米粉混合在一起给宝宝吃，营养更加均衡。

☞ 辅食性状的逐渐改变与宝宝胃肠功能有关，妈妈要依据宝宝的情况循序渐进地进行调整。

辅食添加原则

☞ 奶和奶制品仍是宝宝的主要食品。每日饮奶量为 600 ～ 800 毫升，不要超过 1 000 毫升。

☞ 每日可安排 3 次奶、2 餐饭、1 次点心和水果，辅食的量可以逐渐加至 2/3 碗（6 ～ 7 匙）。

☞ 添加任何一种新食材都要遵循辅食添加原则，一种食材单独添加 3 ～ 7 天，宝宝没有过敏反应，如呕吐、腹泻、皮疹等，再添加第二种。

☞ 现在宝宝吃的食物种类慢慢增多了，要养成吃完辅食后喝几口白开水的习惯，以预防龋齿。

一周食谱举例

餐次	第 1 餐	第 2 餐	第 3 餐	第 4 餐	第 5 餐	第 6 餐
周一	母乳或配方奶	蛋黄泥	母乳或配方奶	蛋黄米粉糊	苹果泥	母乳或配方奶
周二	母乳或配方奶	蛋黄泥	母乳或配方奶	蛋黄羹	香蕉泥	母乳或配方奶
周三	母乳或配方奶	红薯粥	母乳或配方奶	蛋黄土豆泥	圣女果	母乳或配方奶
周四	母乳或配方奶	南瓜粥	母乳或配方奶	蛋黄嫩豆腐泥	香蕉牛油果	母乳或配方奶
周五	母乳或配方奶	南瓜面包粥	母乳或配方奶	黄金豆腐	核桃汁	母乳或配方奶
周六	母乳或配方奶	时蔬浓汤羹	母乳或配方奶	山药粥	苹果燕麦粥	母乳或配方奶
周日	母乳或配方奶	黄金南瓜羹	母乳或配方奶	番茄面疙瘩汤	番茄拌蛋	母乳或配方奶

宝宝辅食轻松做

蛋黄泥

准备好：

生鸡蛋 1 个（约 40 克），温水少许。

这样做：

① 鸡蛋煮熟后去皮，去蛋清，取蛋黄（第 1 次添加取 1/8 即可）。

② 加入少许温开水，碾成糊状，用小勺喂食。

喂养小叮咛：

蛋黄所含营养素有增进宝宝神经系统发育的作用。给宝宝添加鸡蛋时，一定要保证蛋黄煮至全熟。

蛋黄米粉糊

准备好：

熟鸡蛋黄 1/4 个，婴儿配方米粉 50 克。

这样做：

① 先用小汤锅将鸡蛋煮熟，取鸡蛋黄 1/4 个，压成泥。

② 将婴儿配方米粉用温水调匀后与蛋黄泥混合即可。

喂养小叮咛：

鸡蛋虽然营养丰富，但不包含所有营养素，所以妈妈要将蛋黄与米粉、粥、烂面条、菜泥、肉泥混合后营养才会更加丰富。

蛋黄羹

准备好：

鸡蛋 1 个，清水适量。

这样做：

① 将鸡蛋打入碗里，去掉蛋清，只留下蛋黄，加入等量的清水，用筷子搅成稀稀的蛋汁。

② 把盛蛋黄汁的碗放到刚刚冒出热气的蒸锅里。

③ 用小火蒸 10 分钟即可。

喂养小叮咛：

一定要用小火蒸。大火猛蒸会使蛋羹表面起泡，失去应有的滑嫩。

蛋黄大米粥

准备好：

熟鸡蛋黄 1/2 个，大米 50 克。

这样做：

① 将大米在清水中淘洗干净，加适量清水，置火上，熬煮成粥。

② 将熟鸡蛋黄掰碎，放入粥里，搅拌均匀即可。

喂养小叮咛：

如果宝宝的身体对单一食材已适应了，可以增加合理的搭配，如蛋黄和碳水化合物含量丰富的谷物类食物搭配就很好。

双色段段面 ♥

准备好：

儿童面条 20 克，白菜叶 10 克，胡萝卜 10 克。

这样做：

① 将白菜叶和胡萝卜分别煮熟，剁碎成蓉。

② 将儿童面条掰成 2 厘米长的小段，放进沸水里，煮至软熟。

③ 煮好的面条盛入碗中，加入白菜蓉和胡萝卜蓉拌匀即可。

喂养小叮咛：

妈妈要记住，面条要先掰成小段再煮，这样比较容易煮软烂，更适合这个月龄的宝宝。而且妈妈要选择宝宝专用面条，因为这样的面条生产时会严格控制盐的含量，适合宝宝食用。

红嘴绿鹦哥面

准备好:

番茄50克，菠菜叶5片，豆腐20克，高汤100毫升，细面条20克。

这样做:

① 将番茄洗净，用开水烫一下，去掉皮，切成碎末备用。将菠菜叶洗净，放到开水锅里焯两分钟，切成碎末备用。

② 将豆腐用开水焯一下，切成小块，用小勺捣成泥。

③ 锅内加入高汤，倒入准备好的豆腐泥、番茄和菠菜末，烧开。

④ 稍煮5分钟，下入面条，煮至面条熟烂即可。

喂养小叮咛:

此面含有丰富的蛋白质、维生素、钙和铁，能为宝宝提供充足的营养。提醒妈妈，菠菜一定要先用水焯过。

红薯粥

准备好:

大米50克，红薯50克。

这样做:

① 大米淘洗干净，在清水中浸泡30分钟。

② 将大米加入适量清水煮沸，转小火煮成米粥备用。

③ 红薯洗净后，切成薄片，入蒸锅蒸熟后，去皮，而后碾成泥（保留一些颗粒）。

④ 红薯泥拌在米粥里，搅拌均匀即可。

喂养小叮咛:

妈妈也可以做出可爱的红薯泥造型摆在米粥上面哦。这些半固体食物很适合这个月龄的宝宝，可以锻炼宝宝的小牙齿。不过妈妈也要掌握好量，不可让宝宝多吃，否则容易胃胀。

香菇鸡肉粥

准备好：

大米 50 克，鸡胸肉 30 克，鲜香菇 1 朵。

这样做：

① 鲜香菇洗净，去蒂，剁碎。鸡胸肉洗净，剁成蓉。

② 大米淘洗干净，加适量清水，置火上煮沸后，转小火熬煮 15 分钟。

③ 加入鲜香菇碎和鸡肉蓉，继续熬至粥黏稠软烂即可。

喂养小叮咛：

这个月的宝宝增加了很多肉类食物，建议妈妈自己在家做肉泥，不要买市售的。因为在家做的肉泥会很新鲜，而市售的肉泥辅食我们很难判断它是否含有添加剂，所以为了食品安全，建议妈妈自己在家做肉泥，现吃现做。

山药粥

准备好：

山药 100 克，大米或小米 50 克。

这样做：

① 将山药洗净、去皮，切成小方块儿。

② 将山药块与米类一起煮成粥后，用勺将山药块儿碾碎即可。

喂养小叮咛：

新鲜山药切开时会有黏液，极易滑刀伤手。可以先用清水加少许醋洗，这样可减少黏液。

南瓜粥

准备好：

大米 50 克，南瓜 100 克。

这样做：

① 将大米洗净，加水煮成黏稠状。

② 将南瓜去皮后切成 2 厘米见方的块状，上笼蒸软，搅拌成泥状。

③ 将南瓜泥放在粥碗里，一边搅拌一边喂食。

喂养小叮咛：

南瓜里的一些成分可以促进胆汁分泌，加快胃肠蠕动，对消化不良的宝宝有很大的帮助。

翠绿粥

准备好：

菠菜 20 克，熟鸡蛋黄 1 个，米饭 50 克。

这样做：

① 将菠菜洗净，放入开水锅中焯一下，捞出控水切成小段，放入锅中，加少量水熬煮成糊状，再以汤匙压碎成泥状。

② 将熟鸡蛋黄用汤匙压碎成泥状。

③ 米饭加水熬成稀饭，然后将菠菜泥与蛋黄泥拌入即可。

喂养小叮咛：

菠菜所含的胡萝卜素，在人体内能转变成维生素 A，能维护上皮细胞的健康，增强预防传染病的能力，促进生长发育。

南瓜面包粥

准备好：

面包片15克，南瓜40克，高汤50克。

这样做：

① 面包片去四周硬边并撕成小块后入锅，加入高汤煮烂。

② 南瓜削皮，去籽，洗净，切成小块，放入锅中加水煮熟后磨成泥，放在面包糊上即可。

喂养小叮咛：

南瓜含有丰富的糖类、淀粉、胡萝卜素、果胶、钾、钴等矿物质，对宝宝发育非常有益。

番茄拌蛋

准备好：

鸡蛋1个，番茄100克。

这样做：

① 鸡蛋煮熟后取出蛋黄1/2个，碾压成泥。

② 番茄洗净、汆烫，去皮后捣成泥，加入蛋黄泥中调匀即可。

喂养小叮咛：

鸡蛋所含的ARA对宝宝的大脑发育极为有益，能健脑益智。吃的时候可稍加点白糖，使口味酸酸甜甜，宝宝会很爱吃。

时蔬浓汤羹

准备好：

番茄 20 克，土豆 20 克，圆白菜 20 克，胡萝卜 20 克。

这样做：

① 将所有食材洗净，沥干水分，胡萝卜、番茄和土豆去皮，分别切成小块，圆白菜也切成小块。

② 小汤锅中加入适量清水，煮沸后，依次放入胡萝卜丁、土豆丁、番茄丁和圆白菜块，煮至熟软后关火。

③ 上述食材待凉后用搅拌机打碎。

④ 将打碎的汤汁倒回锅中，继续用小火煮至稠状即可。

喂养小叮咛：

小宝宝吃番茄时，一定要去皮，以免造成吞咽危险。番茄顶端划个十字口，然后在热水中一烫，番茄皮就会裂开，最后用手撕下皮即可。番茄含有丰富的维生素、矿物质、碳水化合物、有机酸及少量的蛋白质，有促进消化、利尿、抑制多种细菌的作用。

蛋黄土豆泥

准备好:

生鸡蛋 1 个，新土豆 50 克。

这样做:

① 将生鸡蛋带壳煮熟，取出鸡蛋黄。

② 土豆洗净、去皮，切成片，放到蒸锅里蒸熟，盛入碗中捣成泥。

③ 将鸡蛋黄与土豆泥混合，加入少许母乳或配方奶液调匀，用小勺喂食。

喂养小叮咛:

土豆中所含的膳食纤维，有促进肠胃蠕动的功效，可以辅助治疗宝宝便秘。

黄金豆腐

准备好:

胡萝卜 60 克，水 100 毫升，内酯豆腐 100 克。

这样做:

① 将胡萝卜洗净、去皮，放入开水中焯一下，捞出切成小块，与适量水同放入果汁机中，打成汁。

②将打好的胡萝卜汁倒入锅内，小火煮开，熬煮 3 分钟。

③ 将内酯豆腐放入沸水中煮一下，盛入容器中，淋上胡萝卜汤汁，搅拌后即可喂食。

喂养小叮咛:

此菜颜色鲜亮，口感清爽。

蛋黄嫩豆腐泥

准备好：

南豆腐50克，熟蛋黄1个。

这样做：

① 南豆腐放入沸水中焯煮3分钟，捞出。

② 将蛋黄捏碎撒在南豆腐上，搅拌成细粒即可。

喂养小叮咛：

提醒妈妈，这里我们用的是南豆腐，也就是嫩豆腐。鸡蛋和南豆腐含有丰富的钙，而且吃起来又软又嫩，特别适合不太会咀嚼的宝宝食用哦。再次提醒妈妈们，宝宝的一餐辅食中，米、面等主食所占比例要在一半左右。

南瓜蛋黄小米糊

准备好：

熟蛋黄1/2个，南瓜20克，小米30克。

这样做：

① 南瓜去皮切片蒸软，用勺子碾成南瓜泥备用。

② 在蒸南瓜的同时，熬好小米粥（注意要稀一些），将熟蛋黄碾碎放入小米粥搅拌均匀。

③将南瓜泥放入小米粥中拌匀，开锅后即可食用。

喂养小叮咛：

南瓜含有丰富的果胶，能吸附和消除体内的细菌毒素和其他有害物质，对因感染细菌和病毒而腹泻的宝宝很有好处。

鸡肝番茄泥

准备好：

番茄 70 克，鸡肝 30 克。

这样做：

① 将鲜鸡肝在清水中洗净，最好在清水中浸泡 30 分钟，然后冲洗干净，去筋膜，切碎成末。

② 将番茄洗净，在顶端划十字口，放入滚水中氽烫后去皮。

③ 将番茄切碎，捣成番茄泥。

④ 把鸡肝末和番茄泥拌好，放入蒸锅中，隔水蒸 5 分钟，充分搅拌均匀即可。

喂养小叮咛：

这款鸡肝番茄泥制作好后，妈妈可以混合在煮好的烂面条里给宝宝吃，也可以混合在婴儿配方米粉里给宝宝吃。鸡肝一周吃上 1 ～ 2 次即可。

什锦蔬菜稠粥

准备好：

大米50克，西葫芦30克，芦笋（取嫩芦笋尖）30克。

这样做：

①将西葫芦、芦笋洗净，切成小块，上蒸锅隔水蒸至软，用搅拌机打碎备用。

②将大米淘洗干净，加适量清水，置大火上煮沸后转小火，然后将粥煮至软烂，收一下汤汁。

③将搅拌好的西葫芦泥、芦笋碎泥加入粥中拌匀即可。

喂养小叮咛：

芦笋要现吃、现买、现做，不宜久存。妈妈也可以在蔬菜粥里加入一些肉汤，这种稠粥的软硬稀稠程度，可以根据自己宝宝的咀嚼能力做一些调整。妈妈也可以用应季菜制作这款稠粥。

香蕉牛油果 

准备好：

牛油果 50 克，香蕉 50 克。

这样做：

① 将牛油果纵向切开，去掉果核，将果肉挖出来，用勺子将其捣烂。

② 剥一根香蕉，同样捣成泥。

③ 将牛油果泥和香蕉泥混合在一起即可。

喂养小叮咛：

牛油果又叫“鳄梨”，果肉质感嫩滑而且是奶油状的。它应该是最简单的自制婴儿辅食了，因为妈妈都不用把它煮熟，只要用勺子或搅拌机把果肉捣成泥就可以了。适合和牛油果混合成婴儿食物的有香蕉、梨、苹果、西葫芦、鸡肉和酸奶。

黄金南瓜羹 

准备好：

南瓜 50 克，鸡汤 50 毫升。

这样做：

① 南瓜去皮、去籽，洗净，切成小丁。

② 将南瓜丁放入搅拌机中。

③ 加入鸡汤，将南瓜丁打成泥。

④ 将搅打好的南瓜鸡汤泥放入小汤锅中，用小火煮沸，拌匀即可。

喂养小叮咛：

妈妈们请记住，这款南瓜羹要混合在煮好的烂面条或粥里喂给宝宝吃。南瓜可以提供丰富的胡萝卜素，其中的 β- 胡萝卜素可转化为维生素 A。维生素 A 可以促进眼睛健康发育，维护视神经健康。

番茄面疙瘩汤

准备好：

面粉 50 克，鸡蛋 1 个（取蛋黄用），番茄 50 克。

这样做：

① 将番茄去皮、切碎，蛋黄在碗中打散。

② 在面粉中慢慢地加水，边加水边用筷子快速搅拌，呈细小的絮状。

③ 番茄丁加一碗清水煮沸。

④ 在汤中倒入拌好的面絮，充分煮软烂，再淋上蛋黄液煮熟即可。

喂养小叮咛：

妈妈在制作面疙瘩时越细小越好，这样更加容易煮熟、煮烂。可加入一点鸡汤或骨头汤，这样营养更加丰富。但制作时不要用纯鸡汤，要加一点清水。宝宝喝鸡汤前，妈妈一定要撇掉鸡汤上的油花。这样的一碗疙瘩汤里面已经含有主食的成分，可以单独作为一餐给宝宝吃。

小油菜玉米粥

准备好:

玉米面 50 克，油菜 50 克。

这样做:

① 油菜择洗干净，放入沸水中焯烫，捞出，切成末。

② 用温水将玉米面搅拌成浆，加入油菜末，拌匀。

③ 小汤锅置火上，倒入清水煮沸，加入拌好的玉米浆和油菜末，大火煮沸，转小火煮至黏稠即可。

喂养小叮咛:

主食类的辅食不能少，细粮和粗粮都要搭配，再配合绿色的蔬菜、肉类、蛋类等，营养才能均衡。妈妈不能只给宝宝吃蔬菜和肉蛋类，而忽视了主食类的辅食。

苹果燕麦粥

准备好：

苹果 50 克，燕麦片 50 克。

这样做：

① 苹果洗净后，去皮，去核，刨成丝。

② 小汤锅置火上，倒入清水煮沸，然后放入燕麦片及刨好的苹果并搅拌。

③ 再次煮开，调成中小火，直到燕麦片变浓稠即可。

喂养小叮咛：

燕麦片要少量、逐步添加，而且制作时也不需要用水淘洗。过敏体质的宝宝在吃燕麦片的时候更要小心，因为其可能会对燕麦片过敏。

蔬菜豆腐碎

准备好：

去皮胡萝卜 15 克，嫩豆腐 10 克，豌豆 20 克，蛋黄 1/2 个。

这样做：

① 去皮胡萝卜烫熟后切成极小薄块。

② 将150毫升清水与胡萝卜小薄块、豌豆放入小锅，嫩豆腐边捣碎边加进去，煮至汤汁变少时把豌豆和胡萝卜用勺碾碎。

③ 将蛋黄打散后入锅煮熟即可。

喂养小叮咛：

胡萝卜含有丰富的维生素，豆腐富含钙质，豌豆中蛋白质和糖类的含量可观，它们组合在一起煮熟后供宝宝食用，能够提供宝宝成长发育所需的优质蛋白质。

芋头南瓜肉末羹

准备好：

芋头 50 克，南瓜 50 克，肉末 30 克。

这样做：

① 芋头、南瓜去掉外皮，洗净，切成小块状。

② 将芋头和南瓜放入搅拌器里，加适量水打成泥。

③ 芋头、南瓜泥和肉末一起放在碗里，混合拌匀。

④ 将碗放入蒸锅中，隔水蒸熟即可。

喂养小叮咛：

芋头中含有一种黏液蛋白，在被人体吸收后能产生免疫球蛋白，提高宝宝身体的抵抗力。但妈妈也还是要遵循宝宝肠胃对单种食材没有异常反应后才可以混合添加的原则。

核桃汁

准备好:

核桃仁 100 克，清水适量。

这样做:

① 将核桃仁 100 克放入温水中浸泡 5 ~ 6 分钟后，去皮。

② 用多功能食品加工机磨碎成浆汁，用干净的纱布过滤，使核桃汁流入小盆内。

③ 把核桃汁倒入锅中，加适量清水，烧沸即可。

喂养小叮咛:

核桃卓著的健脑效果被越来越多的人推崇。核桃中含有大量蛋白质和脂肪，且不饱和脂肪酸的含量很高，极易被人体吸收。注意观察宝宝是否对核桃过敏。

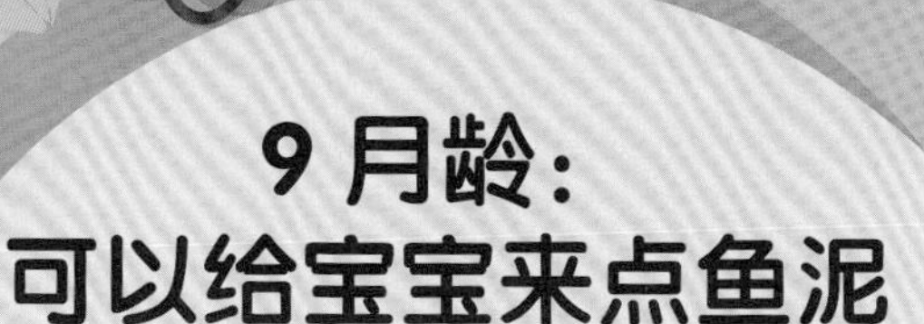

9 月龄：可以给宝宝来点鱼泥

9 个月的宝宝的肠胃已经能分泌消化蛋白质的消化酶了，此时妈妈可以给宝宝多喂些含蛋白质丰富的辅食，比如刺少的鱼类，让宝宝吸收足够的蛋白质，以满足身体生长需求。而且，宝宝已经进入了长牙期，给宝宝做一些可以用牙床磨碎的柔软的固体食物，或给一些酥软的手指状食物，这样不仅可以锻炼咀嚼功能，还可以训练吞咽动作和手指抓握能力。

宝宝发育特点素描

9 个月的宝宝爬行已经相对灵活了，可以短暂地扶持站立。女宝宝又比男宝宝发展较早。所以这个阶段，在宝宝能爬到的范围之内，一定要考虑到方方面面可能发生的危险因素。家里的桌角都要包起来，避免误伤宝宝。

9 个月的宝宝可以含混不清地说话或发出某些音节。

体重

这个月宝宝的体重平均增长 0.3 千克。男宝宝的体重为 9.69 ± 1.01 千克；女宝宝的体重为 9.12 ± 0.82 千克。

身长

这个阶段宝宝的身长增长得很快，父母可以很明显地看出宝宝的变化。一般来说身长平均增长 1.2 厘米左右。男宝宝的身长为 72.8 ± 2.3 厘米；女宝宝的身长为 71.0 ± 2.0 厘米。

牙齿

9 个月宝宝的乳牙继续萌出，会长出 2 ~ 6 颗乳牙，流口水的现象会持续。有的上颌出 2 颗牙。宝宝出牙的时间和速度是反映宝宝生长发育状况的标志之一，与遗传、气候、生活方式、体质等方面都有关系。牙齿萌出的早与晚，不是衡量宝宝生长发育状况的绝对指标。

辅食添加超级任务

- ☞ 有的宝宝已经长出几颗小牙了，咀嚼能力大大提升，适合吃点半固态食物了。妈妈在做辅食时可以让颗粒粗大一点，质感也加粗一点，从碎末逐渐过渡到小碎块状的食物。
- ☞ 9 个月的宝宝身体已经能分泌可以充分消化蛋白质的消化酶了，此时妈妈可以给宝宝多喂些含蛋白质丰富的辅食，让宝宝吸收足够的蛋白质，以满足身体发育需求。
- ☞ 让宝宝吃的食物逐渐向固体转变，也可以缓解宝宝出牙的不适感。
- ☞ 蛋白质和铁都要适量添加，要注意荤素搭配。

辅食添加原则

☞ 乳类及乳制品是婴儿阶段主要的营养来源，每日仍应保证摄入700 ~ 800毫升的乳制品。

☞ 宝宝食物中依然不能加盐或糖及其他调味品。

☞ 这个月新添加鱼肉，但不能让宝宝只吃鱼肉，而要把鱼肉加入米粥或是面条里，营养才能均衡。

☞ 要让宝宝养成在固定地点、固定时间吃饭的习惯，让宝宝慢慢形成吃饭的概念。

一周食谱举例

餐次	第1餐	第2餐	第3餐	第4餐	第5餐	第6餐
周一	母乳或配方奶	鳕鱼碎	母乳或配方奶	草莓1颗	三文鱼蔬菜面	母乳或配方奶
周二	母乳或配方奶	鱼肉松粥	母乳或配方奶	苹果1块	鸡蓉玉米蘑菇汤	母乳或配方奶
周三	母乳或配方奶	胡萝卜鱼粥	母乳或配方奶	香蕉1/2根	圣女果	母乳或配方奶
周四	母乳或配方奶	蛋黄银丝面	母乳或配方奶	圣女果1颗、蔬菜鸡蛋饼	鸡蓉玉米拌面	母乳或配方奶
周五	母乳或配方奶	鸡蓉豆腐羹	母乳或配方奶	奶香牛油果蛋黄面包条	西蓝花鸡肉烩	母乳或配方奶
周六	母乳或配方奶	时蔬浓汤羹	母乳或配方奶	薯泥鱼肉糕	胡萝卜土豆肉末羹	母乳或配方奶
周日	母乳或配方奶	鱼肉小馄饨	母乳或配方奶	团圆果	肉末土豆碎菜粥	母乳或配方奶

宝宝辅食轻松做

青菜碎肉饼

准备好：

猪肉馅 20 克，面粉 50 克，青菜 20 克，油适量。

这样做：

① 青菜洗净，汆烫断生，切碎。

② 猪肉馅、青菜碎、面粉加水拌成糊状。

③ 平底锅倒入油，烧热，将一大勺面糊倒入锅内，慢慢转动，制成小饼，双面煎熟即可。

喂养小叮咛：

面糊适当调稀一点或加点蛋液，煎出来更软，方便宝宝嚼。

蔬菜鸡蛋饼

准备好：

鸡蛋黄 1 个，菜心 20 克，鲜香菇 1/2 朵，胡萝卜 20 克，橄榄油少许。

这样做：

① 菜心、胡萝卜、香菇洗净放入沸水中焯熟，均捞出沥干水分，切碎末。

② 鸡蛋黄打散后倒入焯熟的蔬菜碎末中，搅拌混合。

③ 在锅中加入一点橄榄油，倒入蛋黄蔬菜液，摊成鸡蛋饼即可。

喂养小叮咛：

将鲜香菇放盐水中浸泡一会会更容易清洗。

三文鱼蔬菜面

准备好：

儿童面条 20 克，三文鱼肉 50 克，青菜 20 克。

这样做：

① 青菜取叶，洗净，切成细丝，在热水中烫熟后捞出，切碎，捣成泥。

② 三文鱼肉洗净后用蒸锅隔水蒸熟，捣碎备用。

③ 将儿童面条掰成小段，放进沸水汤锅里，煮至熟软。

④ 将三文鱼泥、青菜泥加入煮好的面条中即可。

喂养小叮咛：

还是要提醒妈妈，面条要先掰成小段再煮，这样比较容易煮软烂，更适合这个月龄的宝宝。三文鱼买中间那段。每次蒸熟后的三文鱼捣碎后放入保鲜盒，放入冰箱冷藏，可以保存至第二餐时吃，与粥或面条搭配都很好。

鳕鱼碎 

准备好：

鳕鱼肉 50 克。

这样做：

①将鳕鱼肉在清水中洗净，边洗边去掉鳞片。

②将鳕鱼肉放入蒸锅隔水蒸 8 分钟至熟，取出，去掉骨刺捣碎即可。

喂养小叮咛：

妈妈可以先从深海鱼选择，因为深海鱼的 DHA 含量很丰富，对于宝宝的智力发育和视力发育有至关重要的作用，鱼刺也很少，是宝宝吃鱼的首选。需要提醒妈妈的是，鱼肉要搭配主食一起吃，如粥、面条等，宝宝每周最好吃鱼 2 ～ 3 次。

鸡蓉豆腐羹

准备好：

鸡肉 30 克，南豆腐 30 克，鲜香菇 1 朵，水淀粉 10 克。

这样做：

①鸡肉洗净、剁成蓉，南豆腐洗净后捣碎，香菇洗净后切成末。

②大火烧开锅中的水，放入处理好的鸡肉蓉、南豆腐碎和香菇末，煮沸后继续煮 5 分钟，加入水淀粉勾芡即可。

喂养小叮咛：

这款辅食高蛋白低脂肪，很适合这个月的宝宝消化吸收。妈妈也可以将鸡肉蓉换成三文鱼蓉制作。

三文鱼菜花

准备好：

三文鱼肉 50 克，菜花 30 克。

这样做：

① 菜花掰开成小朵，洗净，放入沸水中煮软后切碎。

② 三文鱼肉洗净，放入蒸锅隔水蒸熟，取出捣碎备用。

③ 将三文鱼碎放在菜花碎上拌匀即可。

喂养小叮咛：

妈妈也可以用西蓝花制作这道辅食。虽然我们制作的食物种类增多了，但是宝宝第一次吃鱼时妈妈还是要单独制作，不要混合。如果确定宝宝没有异常反应，就可以继续吃鱼啦。而且还是要记住：菜里不要加盐及其他调味料。

鸡蓉玉米蘑菇羹

准备好：

鸡肉 30 克，玉米粒 10 克，香菇 1 朵，鸡蛋 1 个（取蛋黄）。

这样做：

① 香菇洗净后切成末，将香菇末和玉米粒一起用搅拌机搅打成蓉。

② 鸡肉剁成碎粒，鸡蛋黄打散备用。

③ 将玉米香菇蓉和鸡肉碎一起混合后，淋入蛋黄液。

④ 将拌好的食材放入蒸锅，大火隔水蒸熟后，拌匀即可。

喂养小叮咛：

在制作时，妈妈也可以将所有食材洗净后切小块，一起倒入搅拌机搅打，可以稍粗一点，让宝宝的辅食质地由细到粗慢慢过渡。

肉末土豆碎菜粥

准备好：

大米 50 克，猪瘦肉末 30 克，油菜 20 克，土豆 20 克。

这样做：

① 油菜洗净、去根、切碎。

② 土豆去皮洗净，切成小块，煮熟后捣成泥备用。

③ 大米淘洗干净，加水浸泡 30 分钟备用。

④ 锅内放入大米和适量清水，大火煮沸后转小火熬煮 10 分钟，加入肉末继续熬煮至黏稠，再加入油菜碎和土豆泥继续煮 5 分钟即可。

喂养小叮咛：

这款粥里主食、肉、青菜都有了，是很好的宝宝辅食。虽然宝宝小牙很少，但是这样的稠粥还是可以吃的哦！妈妈可以放心给宝宝吃。

蛋黄银丝面

准备好：

银丝面 30 克，小白菜 10 克，熟鸡蛋黄 1/2 个。

这样做：

① 小白菜洗净后入沸水焯熟并切碎，鸡蛋黄碾成末。

② 银丝面掰成小段放入沸水锅中煮至软烂。

③ 将煮好的面盛入碗中，加入小白菜碎和鸡蛋黄末，再加少许面汤拌匀即可。

喂养小叮咛：

煮面简便省时的方法就是在水沸时，将干面条掰成小段入锅煮。小白菜可以换成番茄、油菜、白菜等。也可以在吃的时候加入一些鱼泥或肉泥。

芦笋肉碎粥

准备好：

大米 50 克，猪瘦肉末 30 克，芦笋 20 克。

这样做：

① 芦笋削去根部老硬部分，放入滚水中焯 1 分钟，取出，沥去水分，切成碎末备用。

② 大米淘洗干净，在清水中浸泡 30 分钟备用。

③ 锅内放入大米和适量清水，大火煮沸后，转小火煮 10 分钟，然后加入肉末，待粥熟了再加入芦笋碎同煮 5 分钟即可。

喂养小叮咛：

妈妈在给宝宝吃芦笋时要观察宝宝是否对芦笋有异常的胃肠反应等。芦笋要去除老的根部，先焯后切，这样会保证芦笋中的营养不流失。购买新鲜的芦笋时应以全株直长、笋尖花苞紧密、表皮鲜亮不萎缩者为佳。

猪血菜肉米糊

准备好：

米粉30克，猪血20克，瘦猪肉20克，油菜叶20克。

这样做：

①瘦猪肉洗净，用刀剁细；猪血洗净，切成碎末备用；油菜叶洗干净，放入开水锅里焯烫一下，捞出来剁成碎末。

②将米粉用温开水调成糊状，倒入肉末、猪血、油菜末搅拌均匀。

③把所有食材准备好一起倒入锅里，再加入少量的清水，边煮边搅拌，用大火煮10分钟左右即可。

喂养小叮咛：

猪血不用切很碎，小块即可。

鱼肉松粥

准备好：

大米25克，鱼肉松15克，菠菜10克。

这样做：

①将大米淘洗干净，放入锅内，倒入清水用大火煮开，转小火熬至黏稠待用。

②将菠菜用开水烫一下，切成碎末，放入粥内，加入鱼肉松，用小火熬几分钟即可。

喂养小叮咛：

菠菜中含有大量的抗氧化剂，如维生素E和硒元素，能激活大脑功能，与营养丰富的鱼肉松搭配，可益智补脑，提高记忆力。

薯泥鱼肉羹

准备好：

土豆 20 克，鳕鱼 10 克。

这样做：

① 土豆削去外皮，洗净，切成大块，放入蒸锅中大火蒸至熟软；鳕鱼清洗干净，放入锅中，加适量冷水，大火煮熟，捞出。

②将蒸熟的土豆和煮熟的鱼肉放入碗中，用勺背均匀地压碎成泥。

③ 取 2 茶匙煮鳕鱼的鱼汤倒入土豆、鳕鱼泥中，搅拌均匀成黏稠状即可。

喂养小叮咛：

鱼肉中富含蛋白质、不饱和脂肪酸及维生素，宝宝常吃可以促进生长发育。

胡萝卜鱼粥

准备好：

胡萝卜 30 克，小鱼干 20 克，白粥 100 克。

这样做：

① 胡萝卜洗净，切碎，小鱼干泡水洗净，沥干备用。

② 将胡萝卜、小鱼干分别煮软、捞出、沥干，在锅中倒入白粥，加入小鱼干搅匀，最后加入切碎的胡萝卜煮沸即可。

喂养小叮咛：

小鱼干钙、铁的含量非常高，对巩固宝宝的骨骼及牙齿健康发育有奇效。

花样面片

准备好：

小馄饨皮4张，青菜50克，熟鸡蛋黄1/2个，鸡汤50毫升。

这样做：

① 将小馄饨皮撕成碎一点的小块。

② 青菜洗净、去根、切成碎末，熟鸡蛋黄碾碎。

③ 小汤锅内倒入鸡汤，大火煮沸后加入撕碎的面片，再次煮沸，随后放入青菜碎煮熟，最后撒上熟鸡蛋黄碎即可。

喂养小叮咛：

馄饨皮一般都很薄，很容易煮熟，宝宝也很好消化，搭配上熟鸡蛋黄碎，营养更加丰富了。菜谱中的“青菜”，妈妈可以自由选择，如油菜、白菜、鸡毛菜、小白菜等都可以。

豆腐肉末双米粥

准备好：

大米30克，小米20克，牛肉30克，豆腐20克。

这样做：

① 大米和小米淘洗干净，在清水中浸泡30分钟备用。

② 牛肉洗净、切小块后放入搅拌机打成肉末，豆腐切成碎块。

③ 肉末放入锅中，加入适量水，大火烧开后转小火继续煮10分钟，期间撇去浮沫。

④ 锅中加入小米、大米和豆腐碎，大火煮开后转小火煲煮至熟即可。

喂养小叮咛：

肉的选择有很多，如猪肉、鸡肉都可以。选择两种米，有互相补充营养的作用。随着宝宝的长大，也可以将南豆腐换成北豆腐了。

鱼肉小馄饨

准备好:

鱼肉 50 克，小馄饨皮 6 张，青菜 50 克。

这样做:

① 鱼肉清洗干净、沥净水分、剔除干净鱼刺并剁成泥状，青菜洗净、去根、切成碎末。

② 将鱼泥和青菜末放入碗中，混合搅拌均匀，制成馄饨馅，将馄饨皮和馅料包成小馄饨。

③ 大火烧开锅中的水，倒入包好的馄饨，煮至馄饨浮上水面时即可。

喂养小叮咛:

鱼肉的刺要剔除干净，可以选用刺少的鲈鱼、鳕鱼、三文鱼、黄鱼等。馄饨里要加入一些青菜，油菜、白菜都可以。馄饨皮要做得薄一些，煮的时候充分煮熟。这样的一碗馄饨，荤素搭配很合理，很适合宝宝吃，就算没几颗小牙也完全可以用牙龈磨碎食物。

奶香牛油果蛋黄面包条

准备好：

熟鸡蛋黄1个，酸奶10克，牛油果50克，全麦面包1片。

这样做：

① 牛油果纵向切开，去掉果核，挖出果肉。

② 将全麦面包片切成条状。

③ 将牛油果果肉、熟鸡蛋黄和酸奶一起碾压为顺滑的酱。

④用面包条蘸取果酱食用。

喂养小叮咛：

宝宝这个月已经出了几颗小牙了，妈妈准备这样的面包条会给出牙的宝宝一些帮助，宝宝会觉得舒服很多。

在制作时妈妈要确定宝宝对麦麸不过敏，如过敏，妈妈也可以换成其他白吐司。要鼓励宝宝用手自己抓着面包条蘸牛油果酱吃，不要怕宝宝弄脏衣服。

香菇肉末蔬菜粥

准备好：

大米 50 克，猪瘦肉末 30 克，香菇 1 朵，芹菜 10 克，胡萝卜 10 克。

这样做：

① 香菇、芹菜、胡萝卜洗净后，焯水，沥干水分，均切成小碎末备用。

② 将大米淘洗干净，在清水中浸泡 30 分钟备用。

③ 锅内放入大米和适量清水，大火煮沸后，转小火煮 10 分钟，然后加入肉末，待粥熟了，加入香菇、芹菜、胡萝卜碎末同煮 8 分钟即可。

喂养小叮咛：

粥和其他配菜要先分开煮熟，待粥煮熟后再和蔬菜混到一起煮。菜谱中提到的所有的配菜都是可以替换的，只要是宝宝食用后胃肠没有异常反应的蔬菜都可以替换着做。颜色丰富的蔬菜组合都可以尝试——颜色和质感丰富的食材可以刺激宝宝的感官，让宝宝逐渐觉得吃饭是愉快的体验。

肝泥银鱼蒸鸡蛋

准备好：

鸡蛋黄 1 个，鸡肝 30 克，银鱼 10 克。

这样做：

① 鸡蛋黄加 50 毫升温水打散备用。

② 鸡肝处理干净，放入沸水中焯水，捞出并沥干水分，剁碎成泥状。

③ 银鱼放入沸水中焯水后剁成末。

④ 将鸡肝泥和银鱼碎末放入盛有蛋黄液的碗中，搅拌匀，盖上保鲜膜。

⑤ 将碗放入锅中蒸至食材全熟即可。

喂养小叮咛：

鸡肝、鸭肝、猪肝这些内脏，妈妈一周给宝宝吃 1 次即可。这些动物肝脏买回来洗净后，要先在水中浸泡 30 分钟后再制作。还是要提醒妈妈们，主食要至少占每餐辅食量的一半，其余的蔬菜、肉类、鱼类等共占一半。要掌握好这个比例，从而合理安排宝宝每餐的辅食。

胡萝卜土豆肉末羹

准备好：

土豆泥 20 克，胡萝卜 50 克，肉末 30 克，香油少许。

这样做：

① 胡萝卜洗净切块后，放入搅拌机打成浆，与土豆泥以及肉末混合备用。

② 将土豆胡萝卜肉末泥放在盘子里，上锅蒸熟，加香油拌匀即可。

喂养小叮咛：

胡萝卜素可以保护宝宝的呼吸道免受感染，对视力发育也有好处。土豆更是营养丰富，是宝宝生长发育中不可缺少的辅食。

银耳百合粥

准备好：

百合 10 克，银耳 10 克，大米 40 克。

这样做：

① 银耳、百合加水泡发，银耳撕成小片，大米淘洗干净。

② 所有食材倒入锅中，加入适量清水，大火煮沸后转小火煮成黏稠的粥。

喂养小叮咛：

百合润肺，银耳滋润。此粥适合秋天给宝宝吃，可以预防天气干燥引起的咳嗽。也可以只用清水煮成银耳百合羹当作下午茶、加餐给宝宝吃，宝宝会非常喜欢的！

三文鱼土豆蛋饼

准备好：

三文鱼肉 50 克，土豆 50 克，鸡蛋黄 1 个。

这样做：

① 将三文鱼肉洗净、去骨刺后切块；土豆去皮、洗净后切块。

② 把三文鱼块和土豆块放入蒸锅，隔水蒸熟。

③ 将蒸熟的三文鱼和土豆混合捏碎，加入蛋黄搅拌均匀。

④ 取适量混合好的食材，团成小饼。

⑤ 制好的小饼放入平底锅中，煎至两面金黄即可。

喂养小叮咛：

买三文鱼时，妈妈可以用手指轻轻地按压三文鱼，如果鱼肉不紧实，压下去不能马上恢复原状的三文鱼，就是不新鲜的。

银鱼蛋花粥

准备好:

银鱼 10 克，大米 50 克，鸡蛋黄 1 个。

这样做:

① 银鱼焯一下，剁碎，鸡蛋黄打散备用。

② 大米淘洗干净，加入清水浸泡 30 分钟。

③ 锅内放入大米和适量清水，大火煮沸后，转小火煮 10 分钟，然后加入银鱼末，待粥煮熟了，淋入蛋黄液继续煮 5 分钟即可。

喂养小叮咛:

这款粥里，妈妈还可以加一点小青菜碎，营养就更加均衡了。干品银鱼以鱼身干爽、色泽自然而明亮者为佳品。

双色薯糕

准备好:

紫薯 50 克，红薯 50 克。

这样做:

① 红薯和紫薯去掉外皮，在清水中洗净，切成小块状。

② 将红薯和紫薯放入碗中，放入蒸锅中隔水蒸熟。

③ 用勺背将蒸熟的红薯块和紫薯块分别压成泥状，再分别团成薯饼。

④ 用饼干模具在薯饼上压出可爱的造型即可。

喂养小叮咛:

妈妈也可以用芋头或土豆制作点心，颜色搭配好看还可以引起宝宝的兴趣哦！如没有模具，可以将其揉成小圆球等好做的造型。

鲜肝薯羹

准备好：

土豆30克，大米50克，鸡肝10克。

这样做：

① 鸡肝用流动的水冲洗干净，放入小汤锅中煮熟，捞出。

② 土豆清洗干净，去皮，放入小汤锅中煮至熟软。

③ 将土豆和鸡肝切成小块状。

④ 大米淘洗干净后，加入适量清水煮沸，转小火煮成米粥。

⑤ 放入所有食材，转小火煮，搅拌均匀，关火即可。

喂养小叮咛：

食品营养专家指出，动物的肝脏都富含铁和多种维生素，如果要给宝宝补充铁或维生素A，鸡、鸭、牛、羊的肝脏均可，无须拘泥于猪肝。对宝宝来说，鸡肝质地细腻，口感更好。

西蓝花鸡肉烩 

准备好：

西蓝花 50 克，鸡肉 50 克。

这样做：

① 西蓝花洗净后掰成小朵。

② 鸡肉洗净后去掉筋膜，剁成鸡肉蓉。

③ 将西蓝花和鸡肉蓉混合拌匀后，入蒸锅用大火隔水蒸熟即可。

喂养小叮咛：

妈妈可以把这道菜加在白粥或面条里拌着给宝宝吃。鸡肉就选鸡腿肉或鸡胸肉。妈妈要注意，随着宝宝咀嚼能力的提高，食物质地也要与之前的质地有所区别，可以用刀将鸡肉切成碎末或小碎块。

鸡肉芹菜汤 

准备好：

鸡肉 30 克，芹菜 20 克，鸡汤 50 毫升。

这样做：

① 鸡肉去掉筋膜洗净，切成肉末。

② 芹菜去根去叶洗净，切成碎末。

③ 将鸡肉末、芹菜末、鸡汤同放入锅中，大火烧沸后转小火煮至黏稠状即可。

喂养小叮咛：

芹菜含有丰富的维生素 A、B 族维生素、维生素 C 等。而其中的维生素 P 具有降低毛细血管通透性，增加血管弹性的作用，有利于维生素 C 的吸收。

鸡蓉玉米拌面

准备好：

鸡胸肉 25 克，儿童挂面 60 克，玉米粒 10 克，黄瓜丝 10 克，番茄丝 30 克，黄彩椒丝 10 克。

这样做：

① 鸡胸肉先放在冷水中浸泡 1 ～ 2 个小时，然后放在锅中煮熟，再把煮好的鸡胸肉用手撕成细丝；玉米粒剁成碎末。

② 锅中倒入少许油，待油六成热时，把玉米碎末、黄瓜丝、番茄丝和黄彩椒丝一同放入锅中，翻炒均匀。

③ 将儿童挂面在开水中煮至软烂后捞出，然后与撕好的鸡胸肉丝，以及炒好的蔬菜拌匀即可。

喂养小叮咛：

进入了细嚼期，食物可以略微粗糙一些，妈妈在做饭的时候要适当缩短食物煮制的时间，以增加食物的硬度，来锻炼宝宝的咀嚼能力。

团圆果

准备好：

红薯、苹果各 50 克。

这样做：

① 红薯洗净、去皮后切碎；苹果洗净，去皮、核后切碎。

② 锅内加入适量水煮沸，放入红薯和苹果煮软，捞出加入白糖拌匀即可。

喂养小叮咛：

红薯含丰富的营养物质，对维持宝宝身体健康十分有益。

10 月龄：尝尝美味又营养的虾

10 个月的宝宝可以在粥的基础上逐渐增加稠粥或软饭。宝宝接受食物、消化食物的能力又增强了，这时食物不可太细碎，要比上月的辅食质地再粗一些。宝宝可以凭几颗门牙和牙床就把熟菜块、水果块嚼烂再咽下去。要让宝宝学习咀嚼，这样的咀嚼练习有利于语言中枢的发育和吞咽功能、搅拌功能的完善，增强舌头的灵活性。

宝宝发育特点素描

10个月是宝宝向直立过渡的时期，一旦会独坐后，宝宝就不再老老实实地坐了，就想站起来了。此时的宝宝能够独自站立片刻，大人牵着手会走。这个月宝宝的生长规律和上个月相差的不是很多。宝宝的身长会继续增加，给人的印象是瘦了。

宝宝这时会说一两个字，能发出不同的声音表示不同的意思；好奇心增强，看见大人做什么事，宝宝也想学着做。

体重

这个月宝宝的体重平均增长0.22～0.37千克。男宝宝的体重为10.09±1.01千克；女宝宝的体重为9.48±0.86千克。

身长

这个月宝宝的身长增长速度和上个月基本一致，平均增长了1.0～1.5厘米。男宝宝的身长为74.3±2.2厘米；女宝宝的身长为72.0±2.0厘米。

牙齿

10个月宝宝的乳牙继续萌出，按照一般规律，长出4～6颗乳牙了。这个月宝宝会长出下中切牙和上侧切牙。但因为每个宝宝的发育情况不一样，也有一些宝宝10个月才刚开始出牙。

辅食添加超级任务

☞ 宝宝的咀嚼能力已得到提升，适合吃半固态的食物。这类口感新鲜的食物既容易咀嚼、吞咽，又能在宝宝长牙期锻炼他们的牙齿。

☞ 这一阶段绝大多数宝宝会用牙床咀嚼食物，要创造条件让宝宝充分练习咀嚼。

☞ 宝宝会主动要吃东西了，比如抢你手里的勺子不要你喂。也许他会弄得一片狼藉，但是妈妈还是要鼓励他。这样可以避免追着喂饭等。但是在宝宝自己吃东西时，妈妈一定要监督宝宝，确保安全。

☞ 家长可以让宝宝和大人一起吃饭，但是仍然要注意喂给宝宝适合的食物。

辅食添加原则

☞ 宝宝这个月的食物要比上个月的颗粒粗大一点点，让质感有所加粗，从碎末逐渐过渡到小碎块儿状的食物。逐渐改变食物的形状，也可以缓解宝宝出牙的不适感。

☞ 蛋白质和铁都要适量添加，要注意荤素搭配，但还是要注意第一次添加的食物要单独添加，不要混合。

一周食谱举例

餐次	第1餐	第2餐	第3餐	第4餐	第5餐	第6餐
周一	菠菜鸡肝面	母乳或配方奶	虾肉泥	苹果1块、母乳或配方奶	芋头肉粥	母乳或配方奶
周二	燕麦南瓜	母乳或配方奶	胡萝卜豆腐丁	圣女果2颗、母乳或配方奶	猪血菜肉粥	母乳或配方奶
周三	白萝卜虾蓉粥	母乳或配方奶	肉末冬瓜面	猕猴桃1块、母乳或配方奶	太阳蛋	母乳或配方奶
周四	南瓜四喜汤面	母乳或配方奶	双色虾肉菜花	清蒸鱼饼	时蔬鲜虾粥	母乳或配方奶
周五	三鲜蛋羹	母乳或配方奶	肉末芦笋豆腐	牛油果酸奶	鸡毛菜胡萝卜汤	母乳或配方奶
周六	牛肉鸡毛菜粥	母乳或配方奶	什锦小软面	小动物饼干、母乳或配方奶	茄丁打卤面	母乳或配方奶
周日	蔬菜摊蛋黄小饼	母乳或配方奶	鸡碎蔬菜数字面糊	磨牙面包条、母乳或配方奶	肉末胡萝卜汤	母乳或配方奶

虾肉泥

准备好：

虾肉 50 克，香油少许。

这样做：

① 虾肉洗净放在碗里，加入少量的水，再放到蒸锅里蒸熟。

② 将虾肉捣碎，加入香油，搅拌均匀即可。

喂养小叮咛：

虾肉含有丰富的蛋白质、钙、磷、镁等营养物质，且易消化，对宝宝来说是极好的补益食品。因部分宝宝对虾过敏，所以第一次吃虾还是要单独、少量地给予，然后观察宝宝是否有过敏反应。如果没有，就可以放心地将鲜虾入馔，给宝宝更多的美味和营养。

时蔬鲜虾粥

准备好：

大米 20 克，大虾 2 只，芹菜 15 克，胡萝卜 15 克，玉米粒 15 克。

这样做：

① 将大虾洗净，去除沙线，取虾肉，剁碎。

② 芹菜洗净，去根、叶，切成碎末；胡萝卜去皮，洗净，切末；玉米粒洗净，切碎备用。

③ 大米淘洗干净，在清水中浸泡 30 分钟。

④ 大米中加入适量清水煮沸，转小火，边搅拌边煮 15 ~ 20 分钟至稠状，加入芹菜末、胡萝卜末、虾仁碎和玉米碎，继续煮 1 ~ 2 分钟即可。

喂养小叮咛：

宝宝可以吃虾了，妈妈要一次添加一种，观察宝宝是否有异常反应。虾肉很容易煮熟，妈妈可以把辅食颗粒做得略粗，虾肉剁碎即可，不用做成虾泥。搭配的蔬菜可以选择宝宝吃过的蔬菜，挑 1 ～ 2 种搭配即可。

双色虾肉菜花

准备好：

菜花 20 克，西蓝花 20 克，大虾 2 只。

这样做：

① 将菜花、西蓝花分别洗净，放入沸水中煮软后捞出，切碎。

② 大虾洗净，去壳取虾肉，去除沙线，放入沸水中煮熟，切碎。

③ 将虾仁碎与菜花碎拌匀即可。

喂养小叮咛：

这款双色虾肉菜花可以拌在面条或白粥里吃，是很好的一餐辅食，宝宝很容易消化吸收。

肉末芦笋豆腐 

准备好：

芦笋 20 克，北豆腐 50 克，肉末 30 克。

这样做：

① 芦笋削去根部老硬部分，洗净后切成碎粒备用。

② 豆腐洗净后切成小块，与芦笋碎和肉末混合，隔水大火蒸熟即可。

喂养小叮咛：

宝宝这月的辅食质地可以略粗硬一点，韧豆腐或北豆腐是很好的选择，切成差不多 1 厘米见方的小块就好。妈妈可以把这道菜拌在粥、面条、面片里给宝宝吃。

菠菜鸡肝面

准备好：

挂面适量（根据宝宝的食量），鸡肝50克，菠菜50克，香菇、水发木耳各5克，高汤100毫升。

这样做：

① 把菠菜、香菇、水发木耳分别洗净，开水焯烫一下捞出切成碎末；鸡肝切碎，最好去掉表面的那层膜和里面的筋。

③ 烧开高汤，放入挂面，再把准备好的菠菜碎、鸡肝碎、香菇碎、木耳碎放到锅里煮，煮到面软软的就可以了。

喂养小叮咛：

菠菜富含的磷、铁是组成骨骼、牙齿的重要元素。鸡肝含有丰富的铁，是构成红细胞中血红蛋白的成分。

南瓜四喜汤面

准备好：

南瓜20克，肉末20克，胡萝卜20克，莴笋20克，儿童面条50克。

这样做：

①南瓜、胡萝卜和莴笋分别洗净，去皮，切丁备用。

②小汤锅中加水，放入肉末大火煮沸，再把南瓜丁、胡萝卜丁、莴笋丁放入汤中，继续用大火烧沸。

③汤煮沸后放入掰成小段的面条，所有食材煮熟煮烂即可。

喂养小叮咛：

这个月宝宝的辅食还是要以软烂的面条、面片、软软的稠粥为主，再搭配蔬菜和肉、虾、鱼等。主食的供给要占每餐辅食的一半，这样才能保证宝宝所需的能量与营养。

肉末冬瓜面

准备好：

冬瓜50克，熟肉末50克，面条50克，高汤200毫升。

这样做：

① 冬瓜洗净、去皮后切成小块，放入沸水锅中煮熟备用。

② 锅置火上，加水烧开，放入面条，煮至熟烂后取出，用勺搅成短面条。

③ 将高汤倒入锅中，大火煮开，放入冬瓜块、熟肉末和面条，用小火稍煮即可。

喂养小叮咛：

冬瓜是低热量食品，宝宝常食冬瓜能把多余脂肪消耗掉，而且不影响生长发育。

猪血菜肉粥

准备好：

大米50克，猪血20克，猪瘦肉20克，油菜叶10克。

这样做：

① 大米淘洗干净，加清水浸泡30分钟。

② 猪瘦肉和猪血分别洗净、剁碎；油菜洗净，汆烫后捞出，剁碎。

③ 大米下锅，加适量清水煮沸，转小火煮15～20分钟至黏稠。

④ 倒入肉末、猪血、油菜末搅拌均匀，边煮边搅拌，用大火煮10分钟左右即可。

喂养小叮咛：

猪血切成1厘米左右的小块即可。油菜也可以换成小白菜等。

燕麦南瓜

准备好：

南瓜50克，燕麦片50克。

这样做：

① 南瓜洗净，去皮，去籽，切成小块，入蒸锅蒸熟。

② 燕麦片加清水煮熟；把蒸熟的南瓜块倒入煮熟的燕麦片中，搅拌均匀即可。

喂养小叮咛：

南瓜皮有点厚，妈妈切的时候要注意安全，可以先切成小块再蒸，比较容易熟。

对于这个月龄的宝宝，妈妈可以不用把南瓜碾成泥，留一些颗粒有利于牙齿发育。

芋头肉粥

准备好：

芋头 30 克，猪肉 20 克，大米 50 克。

这样做：

① 芋头去皮，洗净后切成小丁，在清水中浸泡。

② 猪肉洗净后切碎。

③ 大米洗净后，用清水浸泡 30 分钟。

④ 大米加入适量清水煮沸，放入芋头和猪肉碎，再次大火煮沸后转小火熬煮成黏稠的粥即可。

喂养小叮咛：

挑选芋头可是有学问的：体形匀称，拿起来重量轻，就表示水分少；切开来肉质细白的，就表示质地松，就是上品。

胡萝卜豆腐丁

准备好：

胡萝卜50克，嫩豆腐50克，生鸡蛋黄1个。

这样做：

①胡萝卜洗净、去皮，放入锅内煮熟后，切成碎丁。

② 把胡萝卜丁和捣碎的嫩豆腐放入锅中，加水一起煮5分钟，待汤汁变少时，将生鸡蛋黄打散淋入锅中煮熟即可。

喂养小叮咛：

经常吃胡萝卜对宝宝的视力发育非常好，而豆腐是补钙的佳品，适合搭配食用。

小动物饼干

准备好：

面粉200克，生鸡蛋黄1个，红糖150克，黄油50克，油5毫升。

这样做：

① 黄油在室温下软化，与生鸡蛋黄、红糖、面粉混合，揉成面团。

② 用擀面杖将面团擀成2 ~ 3毫米厚的面饼。将各种小动物模具放在面饼上，压出小动物的图形。

③ 用刷子在烤盘上薄薄地刷一层油，将小动物形状的饼坯放入烤盘。烤箱预热3分钟，将烤盘放入，用190℃左右的火，烤制10 ~ 15分钟即可。

喂养小叮咛：

味道清爽香甜，造型又非常可爱，宝宝会很喜欢。

牛肉鸡毛菜粥

准备好:

大米50克，牛里脊肉20克，鸡毛菜10克。

这样做:

① 牛里脊肉用流动的清水冲洗净，沥干水分，剁成肉蓉。

② 鸡毛菜择洗干净后，在沸水锅内烫熟，捞出剁成菜末。

③ 大米淘洗干净后，加适量清水，大火煮沸后，加入牛肉蓉，继续熬煮至黏稠。

④ 在粥里加入鸡毛菜末，搅拌均匀即可关火。

喂养小叮咛:

在这里要反复强调，虽然宝宝辅食的花样增多了，但是1岁以内宝宝的辅食里不要添加盐等调味品。

鸡肝番茄粥

准备好:

鸡肝20克，小番茄20克，小白菜10克，大米粥30克。

这样做:

① 鸡肝去膜去筋，洗净后剁碎成泥状备用。小番茄用开水烫去外皮，切成小丁，小白菜洗净焯熟切丝沥水。

② 将五分稠的大米粥烧开，加入鸡肝泥，小火煮开，放小番茄丁、小白菜丝煮软即可。

喂养小叮咛:

将番茄与鸡肝一起食用，可以充分地给宝宝补充铁、维生素C等，防止缺铁性贫血和维生素C缺乏病的发生。

鸡碎蔬菜数字面糊

准备好：

菜心 30 克，儿童数字面 50 克，熟鸡蛋黄 1 个，鸡肉 30 克。

这样做：

① 菜心洗净后，放入沸水中焯熟，捞出沥干水分，一半切碎，一半搅拌成蔬菜泥备用。

② 鸡肉洗净、切碎，鸡蛋黄掰碎。

③ 在沸水中放入儿童数字面和鸡肉碎，然后加入切碎的蔬菜碎和蔬菜泥，煮熟煮软后捞出。

④ 将鸡蛋黄碎撒在面上即可。

喂养小叮咛：

儿童数字面是小粒状的，很适合这个月龄的宝宝，也很容易煮熟。蔬菜一半搅打成糊一半切碎，不但使面糊颜色好看，而且一半的蔬菜碎又很适合这个月龄的宝宝，能帮助小牙发育。妈妈们不妨试试。

洋葱碎肉饼

准备好：

猪肉馅20克，面粉50克，洋葱10克，植物油适量。

这样做：

① 准备好猪肉馅；将洋葱去皮，在清水中洗净，切成洋葱末。

② 将猪肉馅、洋葱末、面粉加水后拌成糊状。

③ 在平底锅或饼铛中倒入适量植物油，烧热，将一大勺面糊倒入锅内，慢慢转动，制成小饼，双面煎熟即可。

喂养小叮咛：

妈妈不必担心宝宝吃洋葱会不合适，其实宝宝是可以吃洋葱的。洋葱的维生素含量高，对婴幼儿身体发育有好处，但一次不宜食用过多。洋葱属于辛辣刺激性食物，妈妈一定要先用凉水泡一会儿，没有刺鼻的味道才能给宝宝食用。

三鲜蛋羹

准备好：

生鸡蛋黄 1 个，基围虾 2 只，猪肉 20 克，香菇 1 朵。

这样做：

① 将虾洗净、剥壳、去除沙线、剁碎，猪肉洗净、切成末，香菇洗净、切成末。

② 将虾泥碎、猪肉末、香菇末混合在一个碗里，顺着一个方向搅拌均匀。

③ 生鸡蛋黄打散，在蛋黄液中加清水、虾泥、肉末、香菇末，搅拌均匀。

④ 将食材放入蒸笼内，隔水蒸 5 ~ 8 分钟至熟即可。

喂养小叮咛：

猪肉可以换成鸡肉或牛肉。蘑菇用白蘑菇或香菇都可以。要记住现在这个月龄的宝宝还不能吃全蛋，妈妈要用蛋黄制作这道菜。这道菜不能单独作为一顿餐，要和主食配在一起吃。

蛋皮鱼肉卷

准备好：

生鸡蛋黄 1 个，净鱼肉 60 克，植物油适量。

这样做：

① 净鱼肉在清水中洗净，沥干水分，然后将鱼肉剁成鱼泥。

② 鱼泥放入蒸锅中，隔水将其蒸熟。

③ 生鸡蛋黄打散成蛋黄液。

④ 小火将平底锅烧热，涂一层薄薄的植物油，倒入蛋黄液摊成蛋饼，熟时熄火，把蒸熟的鱼泥平摊在蛋饼上，卷成蛋卷，出锅后切小段装盘即可。

喂养小叮咛：

净鱼肉是指处理完的鱼肉，去鳞、去皮、去刺等。制作这道辅食需要的油很少，只要在平底锅内薄薄抹一层油即可。

磨牙面包条

准备好：

新鲜面包片2片，生鸡蛋黄1个。

这样做：

① 将生鸡蛋黄打散，搅成蛋液。

② 将面包片切成细条状，裹上蛋液，放入烤箱内烤熟即可。

喂养小叮咛：

咀嚼对宝宝至关重要。如果宝宝咀嚼功能低下，会使牙齿软弱，甚至导致贫血、智力发育迟缓。

太阳蛋

准备好：

生鸡蛋黄1个，胡萝卜100克。

这样做：

① 将生鸡蛋黄在碗中打散，加入蛋液2倍量的凉开水调匀；胡萝卜去皮，切成碎末。

② 将盛有蛋液的碗移入蒸锅中，大火蒸2分钟。

③ 将切好的胡萝卜碎按照太阳的形状铺在碗中的蛋面上，改中火继续蒸8分钟即可。

喂养小叮咛：

胡萝卜中的β-胡萝卜素能有效预防花粉过敏症。

牛油果酸奶 

准备好：

牛油果 30 克，全脂酸奶 100 克，燕麦片 30 克。

这样做：

① 挑选比较熟的牛油果，去皮、核，将果肉切碎、捣烂成泥。

② 将小汤锅置火上，倒入适量清水煮沸，放入燕麦片，用大火煮沸后关火，放至温热。

③ 将果泥和熟燕麦片放进酸奶里搅匀。

喂养小叮咛：

鼓励宝宝自己拿面包或者软熟的蔬菜蘸着牛油果酸奶吃，会非常美味，而且是很好的磨牙辅食哦。

茄丁打卤面 

准备好：

面条 100 克，茄子 50 克，瘦肉 20 克，香油适量。

这样做：

①将茄子洗净切丁，瘦肉洗净切末。

②起锅热油，放入肉末炒香，入茄丁炒熟，淋上香油即成卤。

③起锅烧开水，下面条煮熟，捞出过凉水后放在碗中，拌上卤。

喂养小叮咛：

打卤的用料可根据宝宝口味增减，比如可加点黄瓜丝。

什锦小软面

准备好：

儿童面条50克，生鸡蛋黄1个，胡萝卜30克，黑木耳1朵，西蓝花30克。

这样做：

① 黑木耳泡发，洗净后剁碎。

② 胡萝卜洗净后去皮、剁碎，西蓝花洗净后也同样剁碎备用。

③生鸡蛋黄打散成蛋黄液。

④ 小汤锅内倒入鸡汤或清水，大火煮沸后加入儿童面条，再次煮沸，放入所有蔬菜碎煮熟，最后淋上蛋黄液煮成蛋花即可。

喂养小叮咛：

面条根据每个宝宝的食量自行调整，煮的时候先掰成段再煮会比较适合宝宝吃。面片也可以照此方法制作哦。配菜可以选择2～3种，蔬菜种类妈妈也可自行搭配。

奶香鲜虾豆苗羹 

准备好:

鲜虾泥 50 克，豌豆苗 50 克，配方奶 50 毫升，水淀粉 10 克。

这样做:

① 豌豆苗择洗干净，焯水后捞出，切成碎末。

② 将虾泥、豌豆苗末放入同一只碗中拌匀。

③ 小汤锅中倒入配方奶，再加入虾泥、豌豆苗碎，用大火煮至熟，最后用水淀粉勾芡即可。

喂养小叮咛:

加入了配方奶的这道菜有种奶香味，加上虾泥的味道，这道辅食宝宝会很喜欢吃的。妈妈要挑取豌豆苗细嫩的部分切碎给宝宝吃。

蔬菜摊蛋黄小饼 

准备好:

菜心 30 克，生鸡蛋黄 2 个，香菇 2 朵，胡萝卜 30 克，橄榄油少许。

这样做:

① 菜心、香菇洗净后沥干水分，胡萝卜洗净后去皮、切片。

② 处理好的蔬菜都放入沸水中焯熟，均捞出沥干水分，切碎末。

③ 生鸡蛋黄打散后加入焯熟的蔬菜碎混合。

④ 在锅中加入一点橄榄油，将混合好的蔬菜蛋黄液倒入，摊成鸡蛋饼即可。

喂养小叮咛:

这款小饼，妈妈可以切成块让宝宝自己拿着吃。自己吃东西（由家长监护），是这个月宝宝要练习的呦！

清蒸鱼饼

准备好：

净鱼肉 100 克，生鸡蛋黄 1 个，淀粉 10 克。

这样做：

① 将鱼肉洗净后切小丁，放入搅拌机和生鸡蛋黄一起打成鱼泥备用。

② 鱼泥加入淀粉后拌匀，也可以再次搅打。

③ 将鱼泥盛入碗中，用勺子背抹平，入蒸锅蒸熟即可。

喂养小叮咛：

妈妈选择鱼的时候要选择鱼刺少的，比如三文鱼、鲈鱼、鲑鱼等。草鱼或鲤鱼的刺比较多，要谨慎选用。二次搅打是为了使鱼泥上劲，不要用搅拌机，手动搅打就行。

白萝卜虾蓉粥

准备好：

白萝卜30克，虾2只，大米50克。

这样做：

① 大米淘洗干净，在清水中浸泡30分钟，加入适量清水煮沸，转小火煮成米粥。

② 虾洗净，去壳取虾肉，去除沙线，放入沸水中煮熟，切碎。

③ 白萝卜去皮、切成片后，放入沸水中焯熟，切碎。

④ 将虾碎和白萝卜碎倒入米粥中，再次煮2 ~ 3分钟即可。

喂养小叮咛：

白萝卜是很百搭的食物，跟肉类、虾类都可以组合，口感也容易被宝宝接受，还是很好的助消化的食材。

智慧粥

准备好：

燕麦片30克，香蕉100克，配方奶粉10克。

这样做：

①在燕麦片中加入2碗开水，熬10分钟。

②把切成片的香蕉倒进去，充分搅拌后关火，盛入碗中。

③等粥到60℃左右，加入配方奶粉搅拌均匀即可。

喂养小叮咛：

香蕉含有丰富的蛋白质、糖类、钾、维生素A、维生素E和维生素C，能促进宝宝大脑发育。

肉末胡萝卜汤

准备好：

瘦猪肉20克，胡萝卜50克，葱末少许。

这样做：

①瘦猪肉洗净剁成细末，加葱末，蒸熟或炒熟。

②胡萝卜洗净，切成小块，放入锅中煮烂，捞出挤压成糊状，再放回原汤中煮沸。

③将熟肉末加入胡萝卜汤中拌匀。

喂养小叮咛：

胡萝卜富含胡萝卜素，它是维生素A的主要来源，有助于维持宝宝皮肤、黏膜的健康，可帮助宝宝祛除秋燥。

鸡毛菜土豆汤

准备好：

鸡毛菜 50 克，土豆 50 克，猪肉末 20 克，植物油适量。

这样做：

① 鸡毛菜洗净后，切碎；土豆去皮，洗净后切成小薄片。

② 在平底锅内加植物油，烧热后放入猪肉末炒熟后盛出。

③ 小汤锅内加入适量清水，煮开后放土豆片和猪肉末，转小火慢煮 10 分钟，然后放入鸡毛菜碎，略煮即可。

喂养小叮咛：

妈妈也可以将鸡毛菜换成其他绿叶蔬菜，如小油菜、菜心等都可以。这道辅食要搭配粥或面条等主食吃哦！

11月龄：细嚼慢咽吃吃软米饭

11个月的宝宝已经有一定的咀嚼和吞咽能力。妈妈可以给宝宝做些咀嚼型食物，如碎菜或颗粒食物。此时宝宝接触的食物种类多，容易形成挑食、厌食的习惯，家长要平衡宝宝的膳食结构，保证宝宝食谱的多样性。

宝宝发育特点素描

11个月大的宝宝，站立能力越来越好，大多数已经能够自己拉着东西（如小床的栏杆、妈妈的手等）站起来了。发育快的宝宝，能什么也不扶地独自站立十几分钟。宝宝手的功能更加灵活，有的能把较轻的门推开和关上，也能拉开抽屉了。

体重

男宝宝的体重为10.35±1.05千克；女宝宝的体重为9.82±0.90千克。

判断宝宝体重增长是否正常，主要是看以往的体重增长曲线图，而不要纠结于体重增长数值。父母往往存在一种偏见，觉得宝宝太瘦是问题，越胖反而越好，这种观点显然是错误的。现在肥胖儿童的比例越来越高，父母一定要引起重视。

身长

这个月宝宝的身长平均增长了1.0 ~ 1.5厘米。若低于或高于这一范围，父母不能武断地认为宝宝的身高不正常，也不要和别的宝宝进行横向比较，而是要依据自己宝宝的身长增长曲线图来判断。一般地，男宝宝的身长为75.3±2.2厘米；女宝宝的身长为73.7±2.2厘米。

牙齿

11个月的宝宝一般长出4 ~ 6颗乳牙。宝宝出牙的时间因人而异，但一般是正中切牙6~8个月萌出，侧切牙8~12个月萌出，第一乳磨牙12~14个月萌出，尖牙15~20个月萌出，第二乳磨牙20~40个月萌出。

辅食添加超级任务

☞ 11个月的宝宝，要逐渐由母乳或配方奶粉喂养为主转变到以辅食为主的喂养方式：慢慢地增加辅食量，一日饮食安排向“三餐一点两顿奶”转变，为断奶做准备，但每日饮奶量不应少于700毫升。

☞ 11个月的宝宝接受食物、消化食物的能力又增强了，食物不可太细碎，要比上个月的辅食质地再粗一些，宝宝可以凭几颗门牙和牙床就把熟菜块、水果块嚼烂再咽下去。如果总给宝宝吃泥状食物，一方面锻炼不了宝宝的咀嚼能力；另一方面，泥状食物有时反而不好消化。要让宝宝学习咀嚼，这样的咀嚼练习有利于语言能力的发育和吞咽功能、搅拌功能的完善。

辅食添加原则

☞ 宝宝这个月的辅食要比上个月的颗粒粗大一点，让质感有所加粗，从碎末逐渐过渡到小碎块儿状的食物。

☞ 11 个月的宝宝以稠粥、软饭为主食，适量给宝宝吃一些新鲜的水果（要记住去皮、除核），食物中依然不能加盐或糖及其他调味品。

☞ 这个时候的宝宝，可以吃蒸肉末、鱼丸、面条、面片、软饭等食物，但食物要做的既碎烂软嫩，又要样子好看，这样宝宝才爱吃。

☞ 宝宝的膳食安排要以米、面为主，同时搭配动物食品及蔬菜、水果、蛋、豆制品等，在食物的搭配制作上也要多样化。

一周食谱举例

餐次	第1餐	第2餐	第3餐	第4餐	第5餐	第6餐
周一	三仁香粥	母乳或配方奶	豆腐软饭	苹果 1 块、母乳或配方奶	番茄鸡蛋小饼	母乳或配方奶
周二	鲜香豆腐脑	母乳或配方奶	肉末软饭	香蕉 1/2 根、母乳或配方奶	鳕鱼红薯饭	母乳或配方奶
周三	鸡蓉玉米羹	母乳或配方奶	金黄山药蒸饭	猕猴桃 1 块、母乳或配方奶	杂蔬烩饭	母乳或配方奶
周四	全麦吐司沙拉	母乳或配方奶	鱼泥豆腐羹	葡萄 3 颗、母乳或配方奶	豆腐牛油果饭	母乳或配方奶
周五	鱼香饭团	母乳或配方奶	黄鱼丝烩粟米	西瓜 1 片、母乳或配方奶	牛肉蔬菜燕麦粥	母乳或配方奶
周六	银鱼虾仁粥	母乳或配方奶	扁豆香菇豆腐饭	香蕉 1/2 根、母乳或配方奶	白萝卜豆腐肉圆汤	母乳或配方奶
周日	鸡蛋牛油果小饼	母乳或配方奶	彩虹饭	什锦水果羹、母乳或配方奶	番茄肉末蛋羹烩饭	母乳或配方奶

豆腐软饭

准备好：

大米 100 克，豆腐 50 克，青菜 30 克，炖肉汤（鱼汤、鸡汤、排骨汤均可）100 毫升。

这样做：

①将大米淘洗干净，浸泡30分钟后，放入电饭煲中，水和米的比例为1 ∶ 1.5，煮成软米饭。

② 将蒸好的米饭放入小汤锅内，加入肉汤一起煮。

③ 将青菜洗净、切碎，豆腐放入沸水中焯一下并切成小块，米饭煮软后加豆腐和青菜碎，稍煮即可。

喂养小叮咛：

软软的米饭怎么掌握火候？就是要比粥要稠，而且要稍微硬一点，符合宝宝的生长发育和小牙发育，以及咀嚼能力训练的需求。

肉末软饭

准备好：

大米 100 克，猪瘦肉末 50 克，芹菜 30 克，植物油适量。

这样做：

①将大米淘洗干净，浸泡30分钟后，放入电饭煲中，水和米的比例为1 ： 1.5，煮成软米饭。

② 将芹菜洗净，切成末。

③ 将油倒入锅内，放入肉末炒散，加入芹菜末煸炒至断生，放入软米饭，混合后稍焖一下，煮软出锅即可。

喂养小叮咛：

软米饭在辅食添加后期是很重要的。它软硬适中，能很好地训练宝宝的咀嚼能力，是宝宝从米粥到成人饮食的过渡主食。

咀嚼对宝宝至关重要。如果宝宝咀嚼功能低下，会使牙齿软弱，甚至导致贫血、智力发育迟缓，还容易造成运动失衡等。因此，软软的米饭是很好的锻炼咀嚼力的辅食。

西蓝花鸡肉沙拉

准备好：

鸡肉30克，西蓝花30克，熟鸡蛋黄1个，原味酸奶100克。

这样做：

① 将鸡肉、西蓝花分别洗净，切成小块。

② 将鸡肉和西蓝花放入锅中煮熟、捞出后切碎；熟鸡蛋黄碾碎。

③ 将上述三种食材混在一起，加入原味酸奶拌匀即可。

喂养小叮咛：

建议妈妈用原味酸奶调制沙拉，不要用沙拉酱。这款沙拉里还可以加入牛油果碎，味道更加好哦！鸡肉也可换成熟的三文鱼肉、虾肉等。

全麦吐司沙拉

准备好：

全麦吐司20克，蘑菇、熟鸡肉、生菜、圣女果各20克，蛋黄沙拉酱10克左右。

这样做：

① 蘑菇煮熟后切成小薄片，熟鸡肉切成小碎丁，吐司切成小丁。

② 将生菜洗净，用开水氽烫一下，捞出撕成小片；圣女果洗净，也用开水烫一下，捞出切成片。

③ 将准备好的用料混合搅拌，淋上蛋黄沙拉酱即成。

喂养小叮咛：

宝宝咀嚼能力还不强，要将食材颗粒做得小一些。

鱼香饭团

准备好：

净鱼肉 80 克，软米饭 100 克，海苔 2 片。

这样做：

① 将净鱼肉放入小汤锅中煮熟，捞出后切碎。

② 将煮熟的鱼肉碎包在米饭中，然后揉成小圆球，或用模具做成好看的造型。

③ 将海苔搓碎后撒在饭团上即可。

喂养小叮咛：

软米饭按照之前讲过的方法焖好，稍微晾凉再制作。饭团里可以包很多食材，如蛋黄碎、鸡肉碎、蔬菜碎等。妈妈可以根据自己的喜好和宝宝的情况搭配，循序渐进地锻炼宝宝的咀嚼能力。

红枣软饭

准备好：

红枣 3 枚，大米 50 克，婴儿配方奶 100 毫升。

这样做：

① 红枣洗净，上笼蒸熟后，去皮、核，剁成泥。

② 将大米浸泡 30 分钟后，淘洗干净，放入电饭煲中，加入水和婴儿配方奶，其量与米的比例为 1.5 ：1，煮成软米饭。

③ 米饭中拌入枣泥，再焖 2 ~ 3 分钟即可。

喂养小叮咛：

红枣在制作时一定要记得去皮，去皮后再剁成泥。红枣皮宝宝还不能吞咽，会有卡喉的危险，故而提醒妈妈注意。

金黄山药蒸饭

准备好：

大米 50 克，南瓜 30 克，新鲜山药 30 克。

这样做：

① 将大米淘洗干净，用冷水泡 1 小时左右；南瓜洗净，去掉皮和子，切成小丁；山药削皮，洗净，切成小丁。

② 将泡好的大米和南瓜丁、山药丁合在一起搅拌均匀，加入适量的水（与大米的比例为 2 ：1），放到蒸锅里蒸熟即可。

喂养小叮咛：

山药含有钙、磷、糖、维生素及皂苷等，有健脾补肺、固肾、滋养强身的作用。

扁豆香菇豆腐饭 

准备好：

扁豆 30 克，香菇 2 朵，韧豆腐 30 克，软米饭 50 克。

这样做：

① 扁豆摘去头尾和两侧的筋，切成薄片或碎末；香菇洗净后，去蒂，切成碎末。

② 扁豆碎和香菇碎上锅蒸 15 分钟，韧豆腐在小汤锅中煮熟。

③ 锅里倒少量油烧热，放入韧豆腐翻炒并压碎，倒入蒸好的扁豆碎和香菇碎搅拌翻炒，再和软米饭拌匀即可。

喂养小叮咛：

对于咀嚼能力不是很好的宝宝，妈妈也可以用搅拌机稍微搅打一下扁豆再蒸。

香菇肉糜饭 

准备好：

香菇 1 朵，瘦牛肉末、米饭各 30 克，海苔 2 片，肉汤 100 毫升。

这样做：

① 香菇洗净，开水焯烫后捞出切碎；海苔撕成小碎片备用。

② 将肉汤烧开，放入牛肉末煮至八成熟，再放入米饭。待米饭煮软后撒上香菇碎、海苔碎，再煮至海苔碎软后即可。

喂养小叮咛：

蒸煮宝宝吃的米饭时，可稍多加点水，以使米饭软烂，易于咀嚼和消化。

山药鸡蓉粥

准备好：

山药 30 克，大米 50 克，鸡胸肉 10 克。

这样做：

① 将大米淘洗干净，放到冷水里泡 2 个小时左右。

② 将鸡胸肉洗净，剁成极细的蓉，放到锅里蒸熟。

③ 将山药去皮洗净，放入沸水锅里氽烫一下，切成碎末备用。

④ 将大米和水一起倒入锅里，加入山药末与鸡蓉煮成稠粥即可。

喂养小叮咛：

妈妈可以将山药洗净后先蒸再去皮，会简单、方便很多。

什锦水果羹

准备好：

香蕉 30 克，苹果 30 克，草莓 15 克，桃子 20 克，糖桂花（市售）少许，水淀粉少量。

这样做：

① 用刀将各种水果切成小丁。

② 锅内放入适量清水，用旺火烧沸后，加入切好的水果丁，再将其烧沸之后用水淀粉勾芡，再撒入糖桂花。

喂养小叮咛：

水果本身有甜味，糖桂花要少放，避免太甜。

牛肉蔬菜燕麦粥

准备好：

瘦牛肉30克，番茄20克，大米50克，快煮燕麦片30克，油菜30克。

这样做：

① 将大米淘洗干净，冷水泡30分钟左右。

② 将牛肉洗干净，用刀剁细。

③ 将油菜洗干净，放入开水锅中焯烫一下，捞出来沥干水，切成碎末备用；番茄洗干净，用开水烫一下，去掉皮和籽，切成碎末备用。

④ 锅内加水，加入泡好的大米先煮30分钟后，加入燕麦片、牛肉末、油菜末和番茄末，边煮边搅拌，再煮5分钟左右即可。

喂养小叮咛：

如果选用燕麦来煮粥，需要冷水浸泡3小时左右。

黄鱼丝烩玉米

准备好：

黄鱼100克，玉米粒50克，鸡蛋黄1个，植物油5毫升，淀粉5克。

这样做：

① 玉米粒用搅拌机打成玉米浆备用。

② 黄鱼去皮、去骨刺，切成鱼肉丝，洗干净后沥干水分。

③ 鸡蛋黄打散，与淀粉一起和鱼肉丝混合抓拌均匀，腌制5分钟。

④ 炒锅中的油烧至五成热，放入腌好的鱼肉丝滑炒至熟盛出。

⑤ 将玉米浆放入小汤锅内，大火煮沸玉米浆，放入滑炒好的鱼肉丝，再次煮沸即可。

喂养小叮咛：

挑选黄鱼时妈妈注意观察：优质黄鱼体表呈金黄色，有光泽，鳞片完整，眼球饱满突出。

彩虹软饭

准备好：

圣女果2个，胡萝卜20克，牛油果20克，紫甘蓝10克，软饭20克，黄彩椒30克，蓝莓5颗。

这样做：

① 圣女果、胡萝卜、黄彩椒、蓝莓洗净后，分别切成小粒；牛油果去皮、核，切成小粒；紫甘蓝洗净，煮熟后切成小粒。

② 将圣女果、胡萝卜、黄彩椒在盘中摆成彩虹的弧形，然后上蒸锅蒸2分钟。

③ 待食材出锅后依次摆放牛油果碎粒、软饭、蓝莓碎粒、熟紫甘蓝碎粒即可。

喂养小叮咛：

妈妈可以根据自己宝宝的喜好搭配不同颜色的蔬菜，像黄瓜、西葫芦、豌豆、苹果等都可以选择，但要选宝宝食用后没有异常反应的蔬菜。宝宝会很想自己用手抓着吃或自己试着用勺子吃，妈妈不要阻止宝宝哦，小手洗干净，戴好围嘴就好啦！

鱼泥豆腐羹

准备好：

鱼肉50克，豆腐50克，水淀粉10克。

这样做：

① 将鱼肉洗净，蒸熟后去骨刺，捣成鱼泥。

② 锅置火上，放入适量清水，煮开后，放入切成小块的嫩豆腐，煮沸后加入鱼泥。

③ 加入水淀粉勾芡成糊状即可。

喂养小叮咛：

鱼肉与豆制品含铁丰富，有助于增强宝宝的抵抗力。

南瓜布丁

准备好：

生鸡蛋黄1个，小南瓜150克，配方奶50毫升。

这样做：

① 把南瓜洗净后切块，入蒸锅蒸熟。

② 蒸好后的南瓜去掉南瓜瓤，取出南瓜肉，用勺子把南瓜压成泥。

③ 生鸡蛋黄打散，与南瓜泥混合在一起，加入泡好的配方奶；将混合物放入蒸锅中隔水蒸8～12分钟即可。

喂养小叮咛：

南瓜的颜色加上配方奶的香味，宝宝会很爱这道辅食。

面包布丁

准备好：

面包15克，生鸡蛋黄1个，配方奶100毫升，植物油少许。

这样做：

① 将生鸡蛋黄搅成蛋液；面包切成小块与奶、蛋黄液混合均匀。

② 在碗内涂上植物油，再把上述混合物倒入碗里，放入蒸锅内，用中火蒸7～8分钟即可。

喂养小叮咛：

这道小点心软嫩滑爽，含有丰富的蛋白质、脂肪、糖类、维生素A、B族维生素、维生素E，以及钙、磷、锌等多种营养素，很适合宝宝食用。

豌豆丸子

准备好：

肉馅50克，豌豆10粒，淀粉5克。

这样做：

① 肉馅中加入煮烂的豌豆、淀粉拌匀，摔打至有弹性，再分搓成小枣大小的丸状。

② 锅置火上，加入适量清水，烧开后放入丸子，蒸1小时至肉软即可。

喂养小叮咛：

豌豆富含不饱和脂肪酸和黄豆磷脂，有保持血管弹性和健脑的作用。

娃娃菜小虾丸

准备好：

鲜虾 5 只，娃娃菜 50 克，淀粉 5 克。

这样做：

① 将虾洗净，剥壳，去除沙线，剁碎成泥（保留一些颗粒感）。

② 把娃娃菜洗净，切碎。

③ 将菜碎与虾泥混合，再加入淀粉和 2 毫升水。

④ 将上述材料混合后搅拌均匀，再搓成小丸子，入蒸锅隔水蒸熟即可。

喂养小叮咛：

妈妈也可以将虾丸放入温水中煮熟，这道菜蒸和煮都可以。蔬菜也可以换成别的，但最好不要用芹菜等纤维比较粗的蔬菜，会影响口感，选用大叶片的菜比较好。这道菜做好后拌在软饭或面条中作为一顿辅食很合适。

豆腐牛油果饭

准备好：

牛油果 30 克，韧豆腐 50 克，大米 100 克，肉汤 50 毫升。

这样做：

① 将大米浸泡 30 分钟后，淘洗干净，放入电饭煲中，煮成软米饭。

② 韧豆腐洗净，切成小块，在小汤锅中煮熟。

③ 将牛油果去皮，去核，果肉切碎，和韧豆腐块拌匀。

④ 将软米饭和煮熟的豆腐块、牛油果碎与适量肉汤拌匀即可。

喂养小叮咛：

妈妈可以在这款辅食里加入蔬菜汤或肉汤（排骨汤、鸡汤都可以），将软米饭拌到适合宝宝食用的黏稠度即可。豆腐和牛油果的口感都很柔和，很适合宝宝吃。

鳕鱼红薯饭

准备好：

红薯 30 克，鳕鱼肉 50 克，白米饭 100 克，青菜叶 20 克。

这样做：

①将红薯去皮，切块，浸水后用保鲜膜包起来，放入微波炉中，加热约1分钟。

② 蔬菜洗净，开水焯烫一下，捞出切碎；鳕鱼肉用热水烫一下。

③ 锅置火上，放入白米饭，加入清水和红薯、鳕鱼肉以及蔬菜，一起煮熟即可。

喂养小叮咛：

鳕鱼中所含的 DHA 和牛磺酸，对宝宝大脑发育极为有益。

番茄鸡蛋小饼

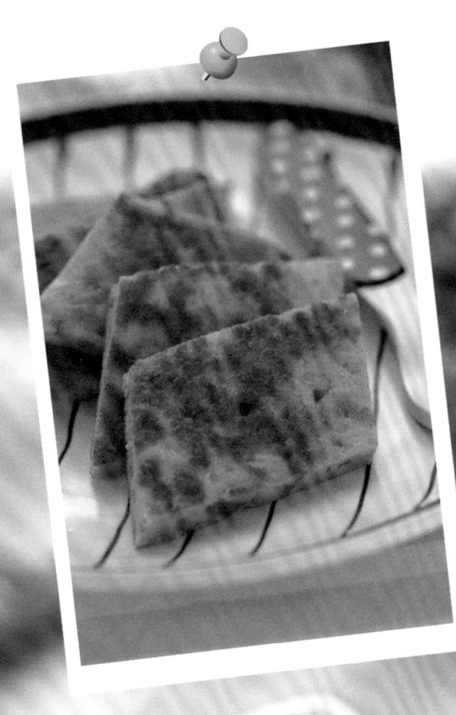

准备好：

面粉50克，番茄100克，生鸡蛋黄1个，植物油少许。

这样做：

① 番茄在清水中洗净，去皮、蒂，切碎。

② 生鸡蛋黄搅打成蛋黄液，加入适量水、面粉，搅匀，再加入番茄碎，搅匀。

③ 锅置火上，放少许植物油烧热，倒入番茄鸡蛋面糊，煎至两面呈金黄色即可。

喂养小叮咛：

一定要记得番茄去皮后使用。现在宝宝还是只能吃蛋黄哦！

银鱼虾仁粥

准备好：

小银鱼30克，虾3只，大米50克。

这样做：

① 银鱼洗净后切碎，将虾洗净、剥壳、去除沙线、剁碎。

② 大米洗净后用清水浸泡30分钟，加入适量清水煮沸，转小火煮成米粥。

③ 在米粥中放入所有食材，转小火煮至软烂即可。

喂养小叮咛：

妈妈要注意，如果银鱼表面特别光亮，形体呈直线状，质量不好，不要买。

杂蔬烩饭

准备好：

西蓝花30克，胡萝卜50克，玉米粒20克，猪肉30克，香菇1朵，软米饭50克，植物油适量。

这样做：

① 西蓝花、玉米粒、猪肉、香菇洗净后均切碎，胡萝卜洗净后去皮、切成碎块。

② 锅中倒入适量的植物油，放入肉碎，煸炒后放入所有蔬菜碎，煸炒均匀后加入清水适量，再加入煮好的软米饭，收汁即可。

喂养小叮咛：

妈妈可以在收汁时淋入少许鸡蛋黄液，这样营养更加丰富。

三仁香粥

准备好：

核桃仁10克，甜杏仁3克，松子仁10克，糯米30克。

这样做：

① 先将三仁一同放入锅中微炒，待温度适宜后将其剥去皮并碾碎。

② 将糯米淘洗净，和三仁粉一起煮成粥即可。

喂养小叮咛：

核桃仁、甜杏仁、松子仁均有补肾健脑、补心益智的功效，是健脑益智之上品。

白萝卜豆腐肉圆汤

准备好：

白萝卜50克，肉馅50克，豆腐50克。

这样做：

① 白萝卜洗净后去皮，切成细细的丝。

② 豆腐碾碎后和肉馅混合拌匀成豆腐肉馅。

③将切好的白萝卜丝放小锅里，直接加凉水煮。

④ 用手把豆腐圆子一个个均匀地挤好放在萝卜丝表面，调中火煮8分钟左右即可。

喂养小叮咛：

打底的白萝卜一定要用凉水煮，不然圆子容易散。豆腐一定要切得很碎，不然捏圆子的时候也容易散。

鸡蛋牛油果小饼

准备好：

牛油果40克，面包片40克，生鸡蛋黄1个，植物油适量。

这样做：

① 将熟透的牛油果去皮、去核，压成泥；面包片切碎；生鸡蛋黄打散成蛋液。

② 将牛油果泥、蛋液和面包碎混合。

③ 在平底锅中加一点点油，加一勺混合好的牛油果面包蛋液，摊成小饼即可。

喂养小叮咛：

这款小饼改进了以往加面粉的制作方法，用面包代替，对于职场妈妈来说，可以节省不少时间。

鲜香豆腐脑

准备好：

内酯豆腐150克，鲜香菇1朵，干木耳10克，水淀粉、油各适量。

这样做：

① 将内酯豆腐用小勺盛入小碗中，放入蒸锅蒸10分钟。

② 干木耳温水发泡后洗净，切成碎末；鲜香菇洗净，去蒂，放入开水中焯一下，同样切成碎末。

③ 中火加热锅中的油，下入香菇碎和木耳碎翻炒片刻，再加入50毫升水。烧开后，将调好的水淀粉倒入锅中，再次烧开后离火，倒在蒸好的豆腐上。

喂养小叮咛：

口感软嫩，营养丰富又美味。

番茄肉末蛋羹烩饭

准备好：

番茄50克，生鸡蛋黄1个，猪肉30克，软米饭50克，高汤20克，植物油适量。

这样做：

① 将番茄洗净后去皮、切碎，猪肉剁成肉馅，生鸡蛋黄打散成蛋液。

② 锅中放油，放入肉末、番茄碎炒香，加入高汤，倒入蛋液搅拌均匀。

③ 将锅中食材浇在热腾腾的软饭上，拌匀即可。

喂养小叮咛：

熟番茄营养价值较生番茄高，因为加热后的番茄中番茄红素和其他抗氧化剂明显增多，对有害的自由基有抑制作用。

鸡蓉玉米羹

准备好：

鸡脯肉 30 克，鲜玉米粒 30 克，鸡汤 100 毫升。

这样做：

① 鸡脯肉和玉米粒洗净，分别剁成蓉备用。

② 鸡汤烧开，撇去浮油，加入鸡肉蓉和玉米蓉搅拌后煮开，转小火再煮 5 分钟即可。

喂养小叮咛：

可用骨头、高汤、清水代替鸡汤。宝宝肠胃发育如果够健康，可以适当在饮食中增加一些动物油脂，但是注意不要过于油腻。玉米中的纤维素含量非常高，能有效刺激宝宝的胃肠蠕动，增强宝宝的食欲。

12 月龄：宝宝可以吃全蛋啦

宝宝这个月辅食的特点是可以吃全蛋了。宝宝的消化吸收能力显著加强，应以谷类食物为主食，增加蛋、肉、鱼、豆制品、蔬菜等食物的种类和数量。虽然这一阶段宝宝已经开始会自己吃饭了，辅食也逐渐成为主食，但仍不宜完全与成人吃同样的饭菜。

宝宝发育特点素描

这个月龄，越来越多的宝宝开始学会走路，而一些宝宝仍只会爬；有的宝宝已经会叫“妈妈”，而有些宝宝仍没有开口的意思。不用着急，每个宝宝的生长发育都有自己的规律，不必急于求成。

体重

这个阶段，宝宝体重的增长速度较刚出生的几个月逐渐变得缓慢。男宝宝的体重为 10.69 ± 1.11 千克；女宝宝的体重为 10.29 ± 0.99 千克。

身长

这个阶段，宝宝的身长仍然可以保持每月 1.5 厘米左右的增长速度。男宝宝的身长为 76.2 ± 2.5 厘米；女宝宝的身长为 74.6 ± 2.4 厘米。

牙齿

宝宝牙齿的萌出是有一定规律的：牙齿成对长出，左右两侧同名的牙齿同时长出，下颌的牙齿早于上颌牙齿长出。一般 12 个月左右的宝宝 6 颗门牙已经长齐：上面 4 颗，下面 2 颗。

辅食添加超级任务

- ☞ 这个时期的宝宝，消化吸收能力显著加强。宝宝的饮食要从以奶类为主逐步过渡到以谷类食物为主食，应增加蛋、肉、鱼、豆制品、蔬菜等食物的种类和数量。
- ☞ 这一阶段宝宝已经开始学会自己吃饭，辅食也逐渐成为主食，但仍不宜吃成人的饭菜。因为成人饭菜的形状、大小还是和宝宝的有所不同，所以妈妈要单独制作。
- ☞ 这一阶段如果不重视合理膳食搭配，往往会导致宝宝体重不达标，甚至发生营养不良。
- ☞ 妈妈要注重培养宝宝规律的饮食习惯，给宝宝用餐要按时、按点。在宝宝学步期间，由于活动量增大，体力消耗多，所以就饿得快，妈妈要及时给宝宝补充热量。

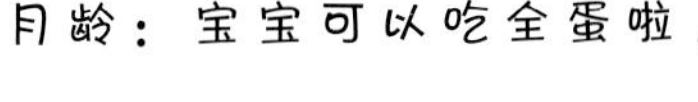

辅食添加原则

- 要保证每日奶的摄入量不要少于 600 毫升。
- 宝宝在这个时期几乎可以吃所有形状的食物了，但仍不需要额外加盐。
- 虽然食物种类增加，但依旧需要保证食物中的膳食平衡：谷物 2 种以上，蔬菜 2 种以上，水果 1 ～ 2 种，蛋类 1 种，豆制品 1 种。
- 进食的种类要丰富，颜色也要丰富。

一周食谱举例

餐次	第 1 餐	第 2 餐	第 3 餐	第 4 餐	第 5 餐	第 6 餐
周一	鸡蛋肉卷	母乳或配方奶	米饭、丝瓜烩双菇	苹果 1 块、母乳或配方奶	珍珠汤	母乳或配方奶
周二	蔬菜鸡蛋卷	母乳或配方奶	米饭、虾仁镶豆腐	香蕉 1/2 根、母乳或配方奶	面条、清烧鳕鱼	母乳或配方奶
周三	奶酪蛋饺	母乳或配方奶	番茄肉酱面	雪梨 1 块、母乳或配方奶	蛋黄花卷、蒸三丝	母乳或配方奶
周四	紫菜手卷	母乳或配方奶	米饭、蔬菜小杂炒	猕猴桃 1/2 个、母乳或配方奶	糙米蔬菜鸡肉饭	母乳或配方奶
周五	银鱼蒸蛋	母乳或配方奶	番茄通心面	橙子 1/2 个、母乳或配方奶	黄瓜蛋皮卷	母乳或配方奶
周六	黄鱼小馅饼	母乳或配方奶	米饭、鸡肉炒双蔬	圣女果 2 颗、母乳或配方奶	清蒸豆腐丸子、酸甜莴笋	母乳或配方奶
周日	碎菜猪肉松粥	母乳或配方奶	米饭、茄汁西蓝花虾仁烩	鲜果沙拉杯	虾仁豆腐蒸水蛋、西蓝花口蘑浓汤	母乳或配方奶

紫菜手卷

准备好:

米饭 30 克，胡萝卜丝 10 克，芝麻核桃粉 5 克，寿司专用紫菜 1/2 张。

这样做:

① 米饭煮熟后，用饭勺拨散放至温热。胡萝卜丝用水焯熟，紫菜均匀地分成数份。

② 在紫菜上铺上一层米饭，放上芝麻核桃粉和胡萝卜丝卷成小卷即可。

喂养小叮咛:

给宝宝做的寿司米饭要温热，避免宝宝吃了过凉的食物拉肚子。寿司卷要卷得细一些，方便宝宝用小手取食。

鸡蛋肉卷

准备好：

鸡蛋 1 个，鸡胸肉 30 克，娃娃菜 20 克，植物油少许。

这样做：

① 将鸡胸肉在清水中洗净并去掉筋膜，娃娃菜洗净，将两者切成碎末。

② 锅内倒入少许植物油，油热后，把鸡肉末和菜末放入锅内翻炒，炒熟后倒出。

③ 将鸡蛋调匀，平底锅内刷少许油，将鸡蛋倒入摊成圆片状，待鸡蛋半熟时，将炒好的鸡肉末和菜末平铺在鸡蛋片内。

④ 将鸡蛋片卷成长条，切成小段即可。

喂养小叮咛：

作为馅料的材料，妈妈也可以自己变换，比如羊肉＋西葫芦、牛肉＋胡萝卜、猪肉＋芹菜等都是非常健康、美味的馅料哦！宝宝可以吃全蛋了，妈妈在制作时不用去除蛋清啦！

蔬菜鸡蛋卷

准备好:

鸡蛋3个，胡萝卜20克，植物油少许。

这样做:

① 胡萝卜去皮后捣碎。

② 鸡蛋打入碗中，加入胡萝卜碎搅拌均匀。

③ 锅置火上，刷少许油，然后加入一半的鸡蛋铺成一层。

④ 等鸡蛋开始熟后轻轻卷起，然后再倒入剩下的一半，至鸡蛋液完全卷完即可。

喂养小叮咛:

做鸡蛋卷时使用平底锅才会做得漂亮。在倒入鸡蛋液时将卷好的鸡蛋移到刚开始卷的位置上。

银鱼蒸蛋

准备好:

新鲜鸡蛋1个，银鱼50克，胡萝卜15克。

这样做:

① 将胡萝卜洗净，去皮，切成极小的丁，放到开水锅中煮软。

② 将银鱼洗干净，捞出来沥干水，去除皮、骨，剁成碎末待用。

③ 将鸡蛋洗干净，打到碗里，用筷子搅散。

④ 将银鱼末加到鸡蛋里，搅拌均匀，放到蒸锅里用小火蒸10分钟左右，加入胡萝卜丁拌匀即可。

喂养小叮咛:

银鱼味道鲜美，鸡蛋羹口感嫩滑，两者搭配，堪称美味和营养的完美结合。

准备好：

鲜口蘑2朵，香菇50克，丝瓜150克，植物油少许。

这样做：

① 将丝瓜去皮，在清水中洗净后，切成小块。

② 将鲜口蘑和香菇洗净，去蒂，在水里浸泡片刻后，都切成小丁。

③ 锅中倒入适量植物油，放入口蘑丁、香菇丁与丝瓜块煸炒。

④ 锅内再加入适量清水，用大火炖约5分钟即可。

喂养小叮咛：

丝瓜营养丰富，有一定的消夏、下火、祛痱、化痰止咳的作用。但由于丝瓜性寒凉，宝宝不宜进食过多。宝宝因饮食上火或感冒咳嗽等导致痰多，可饮丝瓜汤下火祛痰。

杏鲍菇、蟹味菇、平菇等都可以用来制作这道菜，妈妈可以自己搭配。

珍珠汤

准备好：

面粉 40 克，鸡蛋 1 个，虾仁 10 克，菠菜 20 克，高汤 200 克，香油少许。

这样做：

① 将鸡蛋磕破，取鸡蛋清与面粉和成稍硬的面团，揉匀后，擀成薄皮，切成小丁，再搓成小球。

② 虾仁洗净，切成小丁；菠菜择洗干净，用开水烫一下，切末。

③ 将高汤放入小汤锅内，放入虾仁丁；水烧开后加入面疙瘩，煮熟。

④ 淋入鸡蛋黄液，加菠菜末，滴几滴香油，盛在小碗内即可。

喂养小叮咛：

妈妈注意，面疙瘩一定要小一点，有利于煮熟和宝宝的消化吸收。搭配的菠菜也可以换成番茄或其他绿色蔬菜。也可以用肉末和鱼肉制作这道菜。

虾仁花蛤蒸蛋羹

准备好：

虾仁 3 个，花蛤 5 个，鸡蛋 1 个，香油少许。

这样做：

① 将虾仁洗净后，切丁；花蛤洗净，在盐水中浸泡，待其吐沙后，用开水烫，使壳打开，取肉切成丁。

② 将鸡蛋打散成蛋液，加入虾仁丁、花蛤丁，加温水，隔水蒸熟即可，食用时滴上几滴香油。

喂养小叮咛：

一般花蛤都被放在超市的水产区，一盆盆放着，我们先要看颜色，选贝壳有光泽的。妈妈注意，要选半吐出“舌头”的，而且一碰就缩进去的花蛤，这种才是活着的，新鲜，肉质鲜美。关于花蛤吐沙：要在盐水中泡 1 ～ 2 小时，花蛤的泥沙才可以基本吐净。

虾仁镶豆腐

准备好：

豆腐100克，虾仁50克，青豆仁10克，香油适量。

这样做：

① 豆腐洗净，切成方块，再挖去中间的部分。

② 虾仁洗净剁成泥状，填塞在豆腐挖空的部分中间，并在豆腐上面摆上几个青豆仁做装饰。

③ 将做好的豆腐摆盘后放入蒸锅蒸熟。

④ 将香油滴几滴在蒸好的豆腐上即可。

喂养小叮咛：

豆腐和虾都含有丰富的钙质，能促进宝宝骨骼、牙齿健康生长。

奶酪蛋饺

准备好：

鸡蛋1个，奶酪片1片，植物油少许。

这样做：

① 将鸡蛋打散，搅拌均匀备用。

② 在平底锅内刷少许植物油并加热，在锅内倒入鸡蛋液，转动锅子，使其成为一个圆形。

③ 趁蛋液表面尚未完全熟透时，放入奶酪片，快速将蛋饼对折成蛋饺形状。将蛋饺翻面，煎至两面金黄色即可。

喂养小叮咛：

宝宝1岁了，可以吃奶酪了。在选择奶酪时，尽量选钠含量低的，应不超过100毫克。

黄鱼小馅饼

准备好：

净黄鱼肉 50 克，鸡蛋 1 个，牛奶 50 克，洋葱 25 克，淀粉 10 克，植物油少许。

这样做：

① 将黄鱼肉洗净、剁成泥，洋葱去皮、洗净、切碎。

② 将鱼泥放入碗内，加入洋葱碎、鸡蛋、牛奶、淀粉，搅成稠糊状。

③ 将平底锅置火上，刷植物油，舀一勺鱼肉糊放入锅内，煎至两面呈金黄色即可。

喂养小叮咛：

妈妈要注意，鱼饼中要加些谷物（小米面、玉米面）或淀粉，否则煎时鱼饼易碎。牛奶可以选用配方奶粉或鲜奶。紫皮洋葱有点辣味，妈妈可以用黄皮洋葱制作。

清蒸豆腐丸子

准备好：

豆腐 50 克，鸡蛋 1 个，胡萝卜 50 克，葱末 5 克，香油少许。

这样做：

① 胡萝卜洗净、去皮、切成末。

② 把豆腐压成豆腐泥。

③ 鸡蛋打到碗里，搅拌均匀，混入豆腐泥，加胡萝卜末、葱末、香油拌匀。

④ 将上述食材揉成豆腐丸子，上锅蒸熟即可。

喂养小叮咛：

豆腐除具有增加营养、帮助消化、增进食欲的功能外，对宝宝牙齿和骨骼的生长发育也颇为有益，还对增加血液中铁的含量有帮助。

豆腐要选择韧豆腐或北豆腐制作，加蛋液时要把豆腐出的水倒掉。

糙米蔬菜鸡肉饭

准备好：

糙米饭 30 克，鸡蛋 1 个，青菜 30 克，彩椒 20 克，鸡胸肉 30 克，洋葱 20 克，白芝麻 2 克，植物油 5 克。

这样做：

① 将鸡蛋打散，倒入蒸好的软糙米饭中。

② 青菜、彩椒、洋葱洗净后均切成碎丁，鸡胸肉洗净、去除筋膜并切成小丁。

③ 锅中放入适量的油，油热后，加入鸡胸肉丁略炒至变色。

④ 锅内加入糙米饭，翻炒至米粒松散。

⑤ 锅内再倒入其余蔬菜碎丁，一同炒至熟，最后撒上白芝麻即可。

喂养小叮咛：

这款鸡肉饭颜色很好看，食材丰富。妈妈也可以把炒好的饭放入饭团模具中，做成可爱的饭团给宝宝吃。

清烧鳕鱼 

准备好：

鳕鱼肉 100 克，植物油、葱、姜各少许。

这样做：

① 将鳕鱼肉洗净，葱、姜切成细丝撒在鳕鱼肉上腌 10 分钟。

② 锅置火上，倒入少许植物油，将鱼肉入锅煎片刻，然后加少量水，加盖焖烧约 15 分钟即可。

喂养小叮咛：

鳕鱼含有宝宝发育所必需的各种氨基酸，且易消化吸收。

番茄肉酱面 

准备好：

猪后腿肉 50 克，番茄 100 克，宽面条 30 克，植物油适量。

这样做：

① 猪后腿肉洗净后切碎，番茄洗净后去皮、切碎。

② 锅内放油，放入肉碎炒香，加番茄碎一起炒匀。

③ 面条在小汤锅中煮熟后捞出，拌入炒好的番茄肉碎酱即可。

喂养小叮咛：

妈妈可以尝试不再把面条掰成小段煮了。

蔬菜小杂炒

准备好：

土豆 15 克，蘑菇 15 克，胡萝卜 15 克，水发木耳 15 克，山药 15 克，骨头汤 30 克，水淀粉 10 克，植物油适量。

这样做：

① 土豆、蘑菇、胡萝卜、山药均洗净后切成厚 1 毫米左右的小薄片；水发木耳洗净后撕成小片。

② 锅中放植物油，烧热后，放入胡萝卜片、土豆片和山药片煸炒片刻。

③ 锅内再放入适量骨头汤，转小火焖 10 分钟。

④ 锅内再加入蘑菇片和木耳片一同焖至熟烂，用水淀粉勾芡即可。

喂养小叮咛：

宝宝接受的食材越来越多，妈妈可以用多种蔬菜搭配做一些菜肴。宝宝的饮食要注重食物多样化，不能把单一食物吃很久，否则日后很容易偏食、挑食。

番茄通心面 

准备好：

通心面 100 克，番茄 50 克，豆腐 30 克，肉馅 30 克，青豆仁 20 克，土豆 20 克，胡萝卜丁 20 克，番茄酱 20 克。

这样做：

① 通心面放入热水中烫熟备用，青豆仁烫熟备用。

② 番茄、土豆分别洗净切小丁，豆腐切丁。

③ 起油锅，加入肉馅炒香后，加入番茄丁、土豆丁、胡萝卜丁以及少许水，焖至将熟，加入豆腐丁焖熟后熄火。

④ 将炒好的食材和番茄酱、青豆仁倒在通心面上即可。

喂养小叮咛：

通心面需用开水烫得完全熟透，才更能吸收汤汁的味道。

虾仁豆腐蒸水蛋 

准备好：

内酯豆腐 100 克，鸡蛋 1 个、虾仁 5 个，淀粉 2 克，香油少许。

这样做：

① 内酯豆腐切小块；虾仁洗净后，沥干水分，切成小丁，加入一点点淀粉拌均匀，备用。

② 将鸡蛋打成蛋液，加 2 倍的水稀释搅匀，再用过滤网过滤，隔离出多余的气泡。

③ 将蛋液倒在豆腐块上，加上虾仁丁。

④ 碗口包上保鲜膜，放入蒸锅，中火蒸 8 ～ 10 分钟，吃之前滴几滴香油即可。

喂养小叮咛：

妈妈要记住，蛋液最好用过滤网过滤，隔出气泡；用保鲜膜包住碗口，用中火蒸，别用大火哦。

蒸三丝

准备好：

胡萝卜50克，土豆50克，嫩芹菜30克，面粉100克，植物油、香油各少许。

这样做：

① 将土豆洗净、去皮，用擦丝器擦成均匀的细丝，放在水中浸泡，洗去多余的淀粉，捞出控水，淋上少许植物油，拌上干面粉。

② 将胡萝卜洗净、去皮，用擦丝器擦成均匀的细丝，淋上少许植物油，均匀拌上干面粉、

③ 芹菜叶洗净、切碎、晾干，淋上少许植物油，均匀拌上干面粉。

④ 把三样食材分别放入蒸锅里蒸5分钟左右，蒸好后，取出三丝放到菜盘内，淋上少许香油拌匀即可食用。

喂养小叮咛：

蒸菜的食材种类选择多，最好选择颜色好看的，这样宝宝会有食欲，也可依据宝宝喜好来选。

双色蔬菜鸡蛋羹

准备好：

油菜50克，胡萝卜15克，鸡蛋1个，高汤30克，香油少许。

这样做：

① 油菜取嫩叶片洗净、切碎备用。

② 胡萝卜洗净后削去皮、切大块，倒入沸水中焯透，捞出放凉后切成碎丁。

③ 鸡蛋打散，加入高汤和油菜碎。

④ 将混匀的蛋液放入锅中蒸熟后取出，将备好的胡萝卜丁放于鸡蛋羹上，淋入少许香油即可。

喂养小叮咛：

这道菜选什么蔬菜制作，要求并不固定，两种颜色不一样的蔬菜就可以，如彩椒、圆白菜、紫甘蓝等都可以选择。

鸡肉炒双蔬

准备好：

鸡肉 100 克，番茄 100 克，青椒 20 克，植物油适量。

这样做：

① 鸡肉洗净，沥水，切成细丝；番茄洗净，去蒂、皮，切成小块；青椒去蒂、籽，洗净，切成细丝。

② 锅中倒入适量植物油，放入青椒丝、番茄块，翻炒均匀后放入鸡肉丝。

③ 待番茄出汁后，盖上锅盖小火焖 3 分钟，炒匀即可。

喂养小叮咛：

细细的鸡肉丝容易消化吸收，这个月龄的宝宝可以尝试着慢慢咀嚼。这是锻炼宝宝咀嚼能力的一道不错的辅食。对于青椒，妈妈也可以为了好看换成黄色或红色的彩椒哦！

茄汁西蓝花虾仁烩

准备好：

虾仁 6 个，西蓝花 50 克，番茄 100 克，植物油适量。

这样做：

① 番茄洗净，去蒂、皮，切成小块，与洗净后的虾仁混合备用。

② 西蓝花洗净，在沸水中焯熟，而后切成小块。

③ 锅里放油，放入番茄、虾仁炒至颜色发白。

④ 锅中再放入西蓝花，炒至汤汁浓稠即可。

喂养小叮咛：

这道菜是一个百搭的浇头，妈妈可以浇在软米饭或面条上给宝宝吃哦！妈妈在选购西蓝花时，以花球表面密集者为佳，要颜色翠绿的，不要发黄的。

黄瓜蛋皮卷

准备好：

鸡蛋1个，黄瓜100克，植物油适量。

这样做：

① 将鸡蛋打散搅匀；黄瓜洗净后去皮，切成丝。

② 锅里放油，先不开火，倒入蛋液。

③ 摇晃锅子使蛋液铺开，开小火，在蛋皮表面均匀撒上黄瓜丝，将蛋皮迅速卷起来，关火，切成小段即可。

喂养小叮咛：

黄瓜丝在煎蛋皮过程中还会出水，所以妈妈不要煎太久，不然做出来的蛋卷就太软，宝宝没法自己拿着吃了。宝宝的胃肠道还没有发育完善，黄瓜较凉，宝宝食用时以熟食为宜。

西蓝花口蘑浓汤

准备好：

口蘑30克，西蓝花50克，面粉50克，牛奶50毫升，植物油适量。

这样做：

① 西蓝花和口蘑洗净后在沸水中焯熟后捞出，切碎。

② 锅里放油，放入面粉炒熟。

③ 锅里再加入水煮成浓汤，放入切碎的西蓝花、口蘑和牛奶，煮至蔬菜软烂即可。

喂养小叮咛：

选择口蘑时须注意：好的口蘑伞盖呈白色或灰色，菇柄为白色，表面没有腐烂，形状比较完整，没有水渍，不发黏。

鸡汤肉末白菜卷

准备好：

肉末 100 克，香菇 2 朵，胡萝卜 50 克，圆白菜叶 1/2 片，鸡汤 50 克，淀粉 5 克。

这样做：

① 把圆白菜叶洗净，放沸水中煮软；胡萝卜洗净、去皮、切碎；香菇洗净后也切碎。

② 肉末与胡萝卜碎、香菇碎混合，搅匀备用。

③ 将菜肉混合物放在圆白菜叶中间做馅，再将圆白菜卷起，上蒸锅蒸熟。

④ 鸡汤在平底锅中煮开，用淀粉混匀制成，浇到蒸熟的圆白菜卷上即可。

喂养小叮咛：

圆白菜叶烫软后，过一下冷水，可以保持菜叶色泽翠绿，做出来的圆白菜肉卷更加好看，令宝宝更有食欲。

碎菜猪肉松粥

准备好：

大米30克，小油菜10克，猪肉松5克，香油少许。

这样做：

① 小油菜只取嫩嫩的菜心，清洗干净后放入沸水锅中煮熟、煮软，并切成碎末备用。

② 大米和水以1∶5的比例煮成粥，将小油菜末放入其中拌匀，滴几滴香油即可。吃的时候，在粥的表面撒上一层猪肉松。

喂养小叮咛：

市售肉松含有较高的热量和盐，而且原料也有不安全因素，建议妈妈自己动手做肉松。

酸甜莴笋

准备好：

莴笋100克，番茄100克，橄榄油15毫升。

这样做：

① 将莴笋摘去叶，削去老皮，洗净后，切成滚刀块；番茄洗净，切成小块备用。

② 大火烧开锅中的水，将莴笋块放入沸水中焯一下水，捞出装盘，晾凉。

③ 将莴笋块与番茄块同时放入碗中，调入少许橄榄油拌匀后装盘。

喂养小叮咛：

番茄不仅健胃消食，而且具有清热解毒的功能。

蛋黄花卷

准备好:

面粉 150 克，酵母 2 克，熟鸡蛋黄 2 个，糖少许。

这样做:

① 酵母用温水化开，加入面粉、水，和成柔软的面团，盖上湿布放在温暖处饧 15 分钟。

② 将熟鸡蛋黄研磨成细末，和糖一起加入面团内揉匀，再饧 5 分钟；将面团搓成条，揪成小剂子，再搓成细长条，卷成蚊香状；用筷子将面圈夹成 4 个大小相同的圆形，在每个圆形中心切一刀，使之“盛放”。

③ 将水烧沸，花卷上笼蒸大约 10 分钟即可。

喂养小叮咛:

剂子不要揪得太大，而且大小要均匀，这样蒸的时间才不会过长，或是因为大小不一造成出锅的花卷过熟或不熟。彩色的面团还可以做成很多好看又好吃的面食，比如宝宝喜欢的葡萄、香蕉、小苹果等。

牛油果缤纷沙拉

准备好：

牛油果 100 克，番茄 50 克，鸡蛋 1 个，切达奶酪（Cheddar）20 克，橄榄油 10 克。

这样做：

① 牛油果取果肉切成 1 厘米见方小块；奶酪切成小块；番茄去皮、去籽、切成丁；鸡蛋煮熟去壳，切成丁。

② 将所有食材盛入碗中，加入少许橄榄油，拌匀即可。

喂养小叮咛：

牛油果热量高，脂肪含量约 15%，比鸡蛋和鸡肉还高。买牛油果时，要挑选表面深色的，这样的牛油果是熟透的。

准备好：

奇异果 30 克，火龙果 50 克，香蕉 50 克，草莓 2 个，酸奶 100 克。

这样做：

① 火龙果取出果肉，切小丁，用火龙果的果壳当碗。

② 奇异果、香蕉去皮，切小丁；草莓切成 4 小瓣。

③ 将火龙果丁、奇异果丁、香蕉丁、草莓瓣装入火龙果壳碗中，淋上酸奶并搅拌即可。

喂养小叮咛：

妈妈取火龙果肉时，也可以用挖勺挖出，这样会更加漂亮哦！只要是宝宝食用后肠胃没有异常反应的水果，都可以用，橙子、西瓜、苹果等都可以，只要注意切的大小适合宝宝吃就行。

1岁以后：辅食快变成主食了

宝宝的饮食开始向成人饮食模式过渡。大多数宝宝可以吃的食物类型和家庭其他成员一样，让宝宝和大家一起坐在餐桌旁用餐吧，既给宝宝学习的机会，又能增加乐趣。但是妈妈仍然要注意喂给宝宝适合的食物。

辅食添加超级任务

- ☞ 一般每天可安排5次进餐，每餐间隔3～3.5小时，早、中、晚3次正餐，上、下午各添加1次点心或者水果，每次用餐时间在20～30分钟。进餐应有固定场所、桌椅和专用餐具。
- ☞ 宝宝的每餐饭都要有饭、有菜；重视荤素搭配；还要注意粗粮细做，粗细粮合理搭配；豆类、菌类、薯类合理搭配。
- ☞ 宝宝的饭菜既要有营养，又要花样翻新，在色、香、味、形等方面都要有新意，充分调动宝宝的好奇心，提高其进食兴趣。
- ☞ 合理烹调。蔬菜要先洗后切，要切得细一些；炒菜时尽量做到热锅凉油；尽量多用清蒸、红烧和煲炖的方法，少用煎、烤等方法；口味宜清淡，不宜添加酸、辣、麻等刺激性的调味品，也不宜放味精、色素和糖精等。
- ☞ 每日仍需要补充350毫升左右的奶制品，因为此阶段仍为宝宝神经系统和体格发育的关键期，优质蛋白质的摄入不可缺少。
- ☞ 控制零食，少吃甜食，原则上不吃糖果和果冻类零食。吃过糖果后一定要用清水漱口。
- ☞ 原则上不吃油炸食品、烘烤食品、腌制食品和熟食，比如熏制火腿、香肠、红肠、方火腿等；不吃洋快餐，洋快餐含高糖分、高脂肪、高热量、高味精，纤维素少、矿物质少、维生素少，对宝宝生长发育非常不利。
- ☞ 不吃菜汤泡饭，一则吃菜汤泡饭时不用宝宝咀嚼，不利于食物的消化吸收，且菜汤中含的盐分较高；二则长期不练习咀嚼动作，会影响面、颌部肌肉和舌部功能的发育，对语言功能的开发不利。

一周食谱举例

餐次	第1餐	第2餐	第3餐	第4餐	第5餐	第6餐
周一	孜然馒头丁、鸡肝番茄粥	牛奶、酸奶或配方奶	米饭、香菇烧面筋	苹果 1 块、香蕉 1/2 根	芝士焗饭	母乳或配方奶
周二	智慧粥、香菇虾皮小笼包	牛奶、酸奶或配方奶	米饭、牛肉丁炒蛋	鲜果沙拉杯	面条、鲜奶鱼丁	母乳或配方奶
周三	鱼肉馄饨	牛奶、酸奶或配方奶	虾仁伊府面	什锦水果羹	蒜香薯丸、五彩拌面	母乳或配方奶
周四	肝泥银鱼蒸鸡蛋	牛奶、酸奶或配方奶	米饭、娃娃菜煲	牛油果酸奶	清蒸三文鱼、什锦小软面	母乳或配方奶
周五	米粥、豌豆虾仁炒鸡蛋	牛奶、酸奶或配方奶	米饭、奶汤芹菜小排骨	香蕉甜橙汁	面条、荠菜熘鱼片	母乳或配方奶
周六	虾仁金针菇面	牛奶、酸奶或配方奶	米饭、肉末蒸冬瓜	藕粉奶羹	松仁玉米烙、土豆煎饼	母乳或配方奶
周日	蔬菜米饭饼、牛肉蛋花汤	牛奶、酸奶或配方奶	米饭、茄汁虾仁	牛油果缤纷沙拉	番茄鸡蛋饺子	母乳或配方奶

宝宝辅食轻松做

孜然馒头丁

准备好：

大馒头1个（约100克），鸡蛋1个，葱花、孜然粉、白芝麻、盐、白砂糖各适量。

这样做：

① 馒头切丁，将鸡蛋打散后倒入馒头丁中，拌匀后，静置15分钟。

② 炒锅中放入少许食用油，将馒头丁放入，煎至两面金黄。

③ 加入孜然粉，调入适量盐，翻炒均匀。加入白芝麻，炒匀，再加少许白砂糖提味。最后撒入葱花，略炒片刻即可。

喂养小叮咛：

一定要用小火，这样鸡蛋会呈金黄色，火大了容易焦。

芝士焗饭

准备好：

米饭50克，洋葱、甜椒各30克，牛里脊30克，宝宝芝士2片，盐适量。

这样做：

① 牛里脊、甜椒洗净切粒，洋葱去皮切粒，芝士切细丝备用。

② 热锅中放少许油，倒入洋葱粒爆香，然后放入牛肉粒和甜椒粒炒熟，放入米饭翻炒均匀，加盐调味。

③ 将饭盛出撒上芝士，放烤箱焗烤至芝士微黄，吃时拌匀。

喂养小叮咛：

牛肉中的氨基酸组成比猪肉更接近人体需要，可以提高宝宝的免疫力，满足生长发育的需要。

番茄鸡蛋饺子

准备好：

番茄200克，鸡蛋3个，饺子皮儿250克（25张左右），淀粉、盐、胡椒粉、白砂糖各适量。

这样做：

① 番茄表皮轻划“十”字，放入沸水中焯30秒取出，此时划“十”字的部位已经裂开，沿裂口剥去外皮。

② 番茄去皮后，挖出里面的软芯（做馅的时候，软芯会出水，不易包）。

③ 处理好后的番茄切小丁，用纱布包起来，挤出水分后待用（可加少许白砂糖来提鲜）。

④ 鸡蛋打入碗中，加少许淀粉和盐，打散。加入淀粉后炒出来的鸡蛋更蓬松。

⑤ 炒锅中倒油，烧至六成热时倒入鸡蛋液，迅速划散，炒成碎蛋花，盛出。

⑥ 再次滗出番茄汁水后将番茄丁与蛋花混合。调入盐和胡椒粉，拌匀，饺子馅即完成。

⑦ 按常法包完饺子即可。

喂养小叮咛：

如果是自己揉面包饺子，可以用纱布包裹番茄丁挤出来的汁来和面，这样的饺子皮有淡淡的粉色，很漂亮。

香菇虾皮小笼包

准备好：

肉馅100克，鲜香菇5朵，北豆腐30克，新鲜虾皮、紫菜各10克，鸡蛋1个，面粉100克，酵母1克，姜末2克，盐、橄榄油各少许。

这样做：

① 用温水把虾皮与紫菜洗净泡软后切碎。香菇、北豆腐洗净切块，入沸水中焯一下捞出沥干再切碎。鸡蛋打散，入油锅炒成蛋饼盛出切碎。

② 酵母用温水化开，与面粉和匀成柔软的面团，盖上湿布饧发15分钟。

③ 将虾皮、紫菜、炒鸡蛋、香菇、豆腐、肉馅搅拌上劲，加适量盐、姜末调味制成馅料。

④ 面饧好后揉成长条，切成小剂子擀成面皮，包入馅料做成小包子，入沸水锅隔水蒸10分钟即可。

喂养小叮咛：

蒸包子的时间也要根据包子的大小、馅料的多少适当调整。

香菇烧面筋

准备好：

油面筋150克，鲜香菇、竹笋、油菜各20克，水淀粉10克，酱油、植物油、鸡精各适量。

这样做：

① 把油面筋洗净切成方块；香菇洗净后剖成两半；油菜洗净备用；竹笋用开水焯烫片刻，捞出沥干，切片备用。

② 另起锅加植物油烧热，下香菇、笋片、油菜，烹入料酒，加入酱油煸炒片刻，加入一大杯水，倒入面筋继续煮。

③ 加入鸡精混匀，用水淀粉勾芡即可。

喂养小叮咛：

本品属于闽菜系，清爽清甜，营养美味。

牛肉丁炒蛋

准备好：

鸡蛋1个，牛肉丁20克，黄瓜100克，植物油、盐各少许。

这样做：

① 黄瓜去皮，切成碎丁。

② 将鸡蛋搅成蛋液，放入牛肉丁、黄瓜丁及少许盐搅匀。

③ 起锅放植物油烧热，倒入混合好的蛋液，炒熟即可。

喂养小叮咛：

炒时要将鸡蛋炒碎一点，炒嫩一点，方便宝宝食用。

鲜奶鱼丁

准备好：

净青鱼肉 150 克，蛋清 1 个，葱姜水 5 克，水淀粉 20 克，牛奶 100 毫升，植物油、盐、白糖各少许。

这样做：

① 将净青鱼肉洗净制成鱼蓉后，放入适量葱姜水、盐、蛋清及水淀粉，搅拌均匀。上劲后，放入盘中上笼蒸熟，使之成鱼糕，取出后切成丁状。

② 锅置火上，放入少许植物油，烧熟后将油倒出；再加少许清水及牛奶，烧开后加少许盐、白糖，然后放入鱼丁，烧开后用水淀粉勾芡，淋少许熟植物油即可。

喂养小叮咛：

青鱼肉性味甘、平，无毒，有益气化湿、和中养胃的功效。

虾仁伊府面

准备好：

全蛋面 100 克，虾仁 30 克，冬菇、熟青豆、胡萝卜各 10 克，葱姜末 2 克，高汤 150 克，植物油、盐各适量。

这样做：

① 将虾仁挑去沙线，清洗干净；冬菇、胡萝卜切片，然后焯水处理。

② 汤锅上火，加适量清水，烧沸后下入全蛋面，煮 3 分钟，捞出备用。

③ 将炒锅上火烧热，倒植物油，放入葱姜末炝锅；倒入高汤，再下入虾仁、冬菇片、胡萝卜片和全蛋面，转小火，煨至汤汁浓稠。

④ 再下入熟青豆，加盐调味即可。

喂养小叮咛：

汤汁鲜香，面条软烂，还可以为宝宝补充丰富的蛋白质、钙、铁、锌等营养物质。

虾仁金针菇面

准备好:

龙须面100克，金针菇50克，虾仁20克，菠菜50克，高汤500克，植物油、盐少许。

这样做:

① 将虾仁洗干净，煮熟，剁成碎末，加入盐腌5分钟左右。

② 将菠菜洗净，用开水焯2～3分钟，捞出沥干，切成碎末；金针菇洗净，用开水焯一下，切成1厘米左右的小段备用。

③ 锅内烧油至八成热，下入金针菇段，加少许盐，翻炒至入味；加入高汤、虾仁末和碎菠菜，煮开，下入准备好的龙须面，煮至汤稠面软。

喂养小叮咛:

金针菇含锌量较高，有促进儿童智力发育和健脑的作用。

五彩卷

准备好:

鱼肉25克，鸡蛋25克，土豆25克，白萝卜50克，胡萝卜5克，绿豆芽5克，葱末5克，生粉10克，油5毫升，盐适量。

这样做:

① 土豆煮熟去皮搅烂成泥，鱼肉剁烂，加上葱末、生粉、盐拌匀；鸡蛋磕入碗中，搅拌均匀。

② 煎锅放少许油，将蛋液倒入煎成蛋皮，把蛋皮贴锅的一面向上平放装盘，铺上混合好的肉末，卷起，蒸熟，然后切成厚片浇上芡汁。

③ 把胡萝卜、白萝卜切成丝，和绿豆芽一起旺火炒熟后铺平在碟子上，放上已切好的蛋卷即可。

喂养小叮咛:

也可以搭配宝宝喜欢的蔬菜。

准备好：

细挂面50克，番茄100克，肉馅、西蓝花各20克，胡萝卜碎、玉米粒各10克，葱姜末5克，盐适量。

这样做：

① 番茄洗净烫去外皮切小丁。西蓝花洗净掰成小朵，与胡萝卜碎、玉米粒放入沸水中焯一下，捞出沥干。

② 挂面放入沸水中煮熟，捞出过凉水沥干备用。

③ 煮面的同时将炒锅烧热放油，爆香葱姜末，放肉馅炒熟、炒散，下番茄丁翻炒出酱汁，放入西蓝花、胡萝卜碎、玉米粒煮熟，放盐调味，即成酱料，将酱料浇在挂面上拌匀即可。

喂养小叮咛：

这道辅食的色彩和营养都很丰富。细挂面易熟，注意煮面的时间。

豌豆虾仁炒鸡蛋

准备好：

虾仁 100 克，鲜豌豆 20 克，鸡蛋 2 个，淀粉 5 克，植物油、盐各适量。

这样做：

① 先把 1 个鸡蛋打入碗中，留蛋清。再把蛋黄和其余鸡蛋打入另一碗中，加入盐搅拌均匀。

② 将虾仁挑去沙线洗净沥干，放入碗中加入淀粉、盐和蛋清搅拌均匀并腌 5 分钟；豌豆洗净。

③ 锅中下植物油烧热，将虾仁和豌豆炒至半熟盛出；锅中再倒入植物油烧热，将蛋汁炒至半熟，加入虾仁、豌豆，炒匀。

喂养小叮咛：

豌豆富含人体所需的各种营养物质，可提高机体抗病能力。

圆菠萝汤

准备好：

菠萝 100 克，桂圆肉 50 克，红枣 5 粒，盐少许。

这样做：

① 菠萝肉切成小块，放入淡盐水中浸泡 10 分钟；红枣洗净，去核。

② 桂圆肉、菠萝块、红枣放入锅内，加入适量清水，用旺火煮沸后转用微火煮 10 分钟即可。

喂养小叮咛：

菠萝味甘、微酸，性微寒，可清热解暑、生津止渴、利小便。

土豆煎饼

准备好:

土豆 300 克，鸡蛋 1 个，香葱花 15 克，牛奶 80 毫升，白砂糖、盐各 5 克，糯米粉 50 克，油 15 毫升。

这样做:

① 土豆洗净，放入蒸锅中大火隔水蒸至熟透，待凉后剥皮，用汤匙背压成泥。鸡蛋在碗中打散后加入牛奶、白砂糖、盐和糯米粉用筷子沿同一方向搅拌，之后加入压好的土豆泥，混合揉成一个大的土豆泥团。

② 将土豆泥团分成同等大小的数个小块，并揉成团状。

③ 中火加热平底锅中的油至七成热，将团好的土豆泥团放入锅中，然后用铲子轻轻压扁，在上面撒上一些香葱花，再煎约 2 分钟，至底部稍硬后翻至有葱花的一面，继续煎约 2 分钟。

喂养小叮咛:

将土豆去皮洗净切成小块装入保鲜袋内，微波炉高火加热 6 分钟，取出待凉后压成土豆泥，也是省时省力的好办法。

蒜香薯丸

准备好：

红薯250克，生姜10克，蒜2瓣，植物油、醋、盐各适量。

这样做：

①将红薯洗净去皮切成片，放入笼屉蒸熟取出，捣碎，再加醋捣成泥。

②蒜瓣、生姜切碎与盐一并放入薯泥中用力搅打均匀。

③锅中倒植物油烧热，将薯泥捏成小圆粒下锅炸至金黄色，捞出沥油后装盘即成。

喂养小叮咛：

想要少油，可改炸为煎。

松仁玉米烙

准备好：

甜玉米100克，松仁50克，蛋清1个，炼乳、植物油、淀粉各适量。

这样做：

①将甜玉米粒用开水焯烫后捞出沥干。

②将玉米粒、炼乳、蛋清、淀粉混合搅匀；松仁过油炸至微黄。

③锅置火上，刷一层植物油，倒入混合好的玉米粒摊平，撒上松仁，煎至底面微黄即可。

喂养小叮咛：

如果不够甜，可少量放点糖。

蔬菜米饭饼

准备好：

米饭 60 克，虾仁 20 克，胡萝卜 20 克，洋葱 10 克，鸡蛋 1 个，青甜椒 5 克，糯米粉 20 克，植物油适量。

这样做：

① 虾仁洗净后捣碎；胡萝卜和洋葱去皮后捣碎；青甜椒去籽后捣碎。

② 鸡蛋打入碗中，充分搅拌，然后把米饭、糯米粉、虾仁、胡萝卜、洋葱、青甜椒放入碗中充分搅拌。

③ 锅置火上，刷一层植物油，用勺将搅拌好的食材放入大小一致的量，煎至两面焦黄即可。

喂养小叮咛：

荤素搭配，富含蛋白质、钙质及多种维生素。

三鲜豆腐

准备好：

豆腐、蘑菇各 50 克，胡萝卜、油菜各 10 克，海米 5 克，葱姜末 5 克，高汤 150 克，水淀粉 10 克，植物油、鸡精、盐各适量。

这样做：

① 将海米用温水泡发，洗净泥沙备用；豆腐洗净切片，投入沸水中焯烫一下捞出，沥干水备用；蘑菇洗净，放到开水锅里焯烫一下，捞出来切片。

② 胡萝卜洗净切片；油菜洗净，沥干水备用。

③ 锅内加入植物油烧热，放入葱姜末、海米、胡萝卜片煸炒出香味，加入盐、蘑菇片，翻炒几下，加入高汤。

④ 放入豆腐片，烧开，加油菜，烧开后用水淀粉勾芡，加鸡精拌匀即可。

喂养小叮咛：

豆腐营养丰富，含有铁、钙、磷、镁等人体必需的多种元素，还含有糖类、植物油和丰富的优质蛋白质，素有“植物肉”的美称。

山药凉糕 

准备好：

山药 100 克，琼脂 5 克，蜜枣、樱桃、白糖各少许。

这样做：

① 山药去皮、洗净，上屉蒸烂（大约蒸 1 个小时左右），研成细泥；蜜枣切碎丁。

② 锅中加水煮沸，放入琼脂和白糖熬化，用洁白纱布过滤，倒回锅内，放入山药细泥与蜜枣粒，再用火熬开，搅拌均匀，然后倒入搪瓷盘，冷却凝固，入冰箱镇凉。

③ 食时取出，切成菱角块，放上樱桃并摆盘。

喂养小叮咛：

熬煮过程中要不停地搅拌，以免局部凝固影响口感。

蓝莓山药

准备好：

山药 100 克，蓝莓酱 15 克。

这样做：

① 将山药削皮洗净，切成长短相似条状。

②将山药条放入锅中大火蒸 10 ~ 15 分钟。

③将蒸熟的山药取出，用凉开水过一下至冷却，然后码入盘中形成井字格。

④将蓝莓酱加少量水稀释一下，淋在山药条上即可。

喂养小叮咛：

这道辅食吃起来软糯、酸甜可口，且山药有宜于宝宝的脾胃消化吸收功能。

肉末蒸冬瓜

准备好：

冬瓜40克，肉馅10克，香菜2克，蒜末2克，香油、盐各少许。

这样做：

① 冬瓜洗净后去皮，切成1厘米厚的小块；肉末中加入少许蒜末和盐腌渍5分钟。

② 在盘中摆好冬瓜，将腌好的肉末铺在冬瓜上，放在蒸锅里，用中火蒸12分钟。

③ 出锅前把切好的香菜撒在菜上，出锅后滴上数滴香油即可。

喂养小叮咛：

蒸煮的饭菜可以最大限度地保留食材的营养，且有利于宝宝消化吸收。

清蒸三文鱼

准备好：

三文鱼肉100克，青椒10克，葱丝、姜丝各2克，料酒5毫升，番茄酱、盐各少许。

这样做：

① 将三文鱼肉切块，用刀剞十字花刀，花刀的深度为鱼肉的2/3；青椒洗净，切丝。

② 将三文鱼肉放入锅中，加入青椒、葱丝、姜丝、料酒、盐和适量水，清蒸至熟透，端出淋上番茄酱即可。

喂养小叮咛：

三文鱼富含锌和很多有益的营养素。烹调时少放盐。

茄汁虾仁

准备好：

虾仁100克，黄瓜20克，蛋清1个，干淀粉5克，水淀粉10克，料酒5毫升，高汤50克，盐、白糖、番茄酱、鸡精各少许，植物油适量。

这样做：

① 将虾仁洗净，放到一个大的碗中，加入少量盐，用手抓捏，挤干水，加入蛋清、鸡精和淀粉，搅拌至虾仁表面裹上一层半透明的浆衣；黄瓜洗净，切丁备用。

② 锅内加入植物油烧热，放入虾仁炒熟，盛出备用。

③ 锅中留少许底油烧热，加入番茄酱、料酒、白糖、鸡精、盐和少许高汤，烧开，用水淀粉勾芡。

④ 将虾仁和黄瓜丁倒入锅中翻炒均匀即可。

喂养小叮咛：

虾营养丰富，且其肉质松软，易消化，是很好的补益食物。

清凉西瓜盅

准备好：

小西瓜1个（约1千克），菠萝肉50克，苹果1个（约150克），雪梨1个（约150克），冰糖适量。

这样做：

① 将菠萝肉切块；苹果、雪梨洗净，去皮、核，切块备用。

② 西瓜洗净，在离瓜蒂1/6的地方呈锯齿形削开。将西瓜肉取出，西瓜盅洗净备用。

③ 锅内放水煮沸，放入冰糖煮化，再加入全部水果块略煮，晾凉后倒入西瓜盅中，再放入冰箱冷藏，食用时取出即可。

喂养小叮咛：

本品清凉甜蜜，果味浓香，能解油腻，系夏令佳品。

荠菜熘鱼片

准备好：

荠菜 80 克，净大黄鱼肉 180 克，植物油、鲜汤、盐、糖、料酒、水淀粉各适量。

这样做：

① 荠菜洗净切碎待用；剔净鱼骨的净大黄鱼肉切成 3 厘米宽、5 厘米长、0.3 厘米厚的鱼片，再放入料酒、盐上浆备用。

② 锅烧热放冷油，待油烧至四成热时放入鱼片，待鱼片发白断生时取出，把油沥干净。

③ 炒锅留余油加入切碎荠菜略炒，加鲜汤，放入盐、糖少许，烧开投入鱼片，加水淀粉勾芡，淋上麻油即可。

喂养小叮咛：

大黄鱼是发物，哮喘病人和过敏体质的人应慎食。

苹果鱼汤

准备好:

草鱼肉100克，苹果150克，瘦猪肉150克，大枣、生姜各10克，豆芽汤500毫升，盐少许，植物油适量。

这样做:

①苹果去皮、核后切块，草鱼肉去刺后切成片，大枣去核，瘦猪肉、生姜切片。

②锅中热少许植物油，放入姜片爆香后转小火，放入鱼片煎至两面金黄。

③加入瘦猪肉片和大枣，再倒入豆芽汤，转中火炖至汤发白。加入苹果，调入少许盐，继续炖20分钟即可出锅食用。

喂养小叮咛:

苹果鱼汤可调理脾虚、气血不足。

牛肉蛋花汤 

准备好：

碎牛肉 100 克，西芹 20 克，鸡蛋 1 个，番茄 100 克，盐、料酒各适量。

这样做：

① 西芹洗净，切成小粒，用开水烫一下；番茄去皮，切碎；鸡蛋磕入碗中，搅成蛋液。

② 锅置火上，加适量清水，放入碎牛肉，大火烧开后，改用小火炖，煮熟。

③ 煮熟后加入盐调味，然后放入西芹粒、番茄碎，待滚烫后淋入鸡蛋液，洒入少许料酒即可。

喂养小叮咛：

汤色美观，口味清淡，加点绿色的小葱花更漂亮。

藕丝饼

准备好：

藕 200 克，糯米粉 100 克，植物油、盐各适量。

这样做：

① 藕洗净去皮，擦成细丝，用水漂洗干净，捞出沥净水分。

② 糯米粉、盐与藕丝混合，搅拌均匀成较稠的糊状。

③ 平底锅加入少许植物油，中火加热至六成热，用勺子舀起一勺糯米藕丝糊放入锅中，用勺背稍微压平，并整理成圆饼状。

④ 中小火煎至金黄色，翻至另一面继续煎至金黄色盛出。将所有面糊都煎成小饼即可。

喂养小叮咛：

可以不放盐，原味也很好吃，也可以蘸酱或调味汁。

奶汤芹蔬小排骨

准备好：

猪小排 500 克，胡萝卜、鲜香菇各 100 克，香芹 200 克，牛奶 500 毫升，干淀粉 15 克，植物油、盐、米醋各适量。

这样做：

① 猪小排洗净，逐根切成寸段，用开水烫一下，沥干水，放入盆内，加干淀粉和盐拌匀；鲜香菇洗净，每个香菇切成 4 小块；胡萝卜切成条块；香芹切寸段。

② 锅置火上，倒入植物油，烧至八成热，将排骨放入，炸至淡黄色、稍酥，然后将排骨捞至砂锅内。

③ 砂锅内倒入少量清水，大火煮开，加入 250 毫升牛奶和少许米醋，用小火焖煮至排骨软熟，放入胡萝卜、香芹、香菇和剩下的牛奶，继续用小火焖煮至排骨酥软，加适量盐即成。

喂养小叮咛：

本品带有特殊的色泽及奶香风味，还有护牙固齿的作用。

娃娃菜煲

准备好：

骨汤 800 毫升，北豆腐 200 克，粉丝 10 克，娃娃菜 50 克，盐 5 克。

这样做：

① 娃娃菜清洗干净，沥去水分，对半剖开，切成 4 厘米长的段。粉丝用温水泡软。北豆腐切成 2 厘米见方的块。

② 将骨汤倒入砂锅中，加入切好的豆腐块，大火煮开后，放入泡软的粉丝和切好的娃娃菜，再次煮沸后，转小火，炖煮 6 分钟，加入盐调味即可。

喂养小叮咛：

娃娃菜富含维生素 C 和硒元素，能提高宝宝的免疫力。

对宝宝疾病
有辅助治疗作用的功能食谱

婴儿的身体幼小娇嫩，各部分器官功能还不大完善，而且宝宝6个月以后，缺少从妈妈体内得到的抗体，会很容易生病。本章食谱对宝宝疾病可以起到一些辅助治疗的作用。需要提醒的是，宝宝患病，应及早带宝宝去医院诊治，并遵医嘱合理安排宝宝生病期间的饮食。

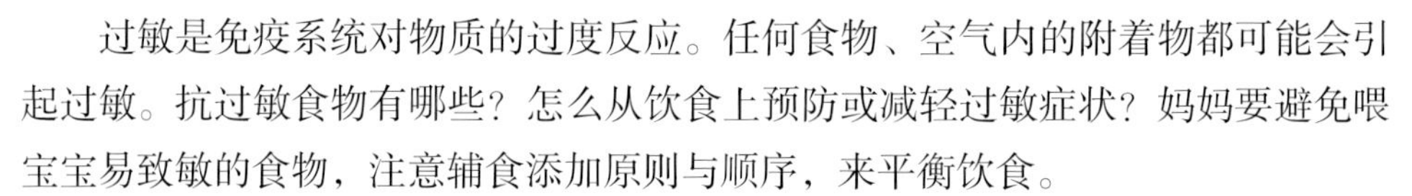

宝宝过敏

过敏是免疫系统对物质的过度反应。任何食物、空气内的附着物都可能会引起过敏。抗过敏食物有哪些？怎么从饮食上预防或减轻过敏症状？妈妈要避免喂宝宝易致敏的食物，注意辅食添加原则与顺序，来平衡饮食。

小儿湿疹也是一种常见的过敏性疾病，饮食不当是引发小儿湿疹的一个重要原因，因此，一旦宝宝出现湿疹，家长要“排查”宝宝的食物中是否存在过敏原。

抗过敏食物有哪些？

苹果

苹果中的多酚能有效缓解过敏症状，因为苹果所富含的槲皮素能防止过敏和哮喘，它具有抗炎和抗组胺的特性。

酸奶

酸奶之中的益生菌能够减轻人体对花粉的过敏反应。益生菌有助于促进消化系统健康运转，防止免疫系统失效。它还能降低人体对过敏原的免疫反应，从而减轻体内炎症。

菜花

菜花含有槲皮素。菜花芽苗含有丰富的莱菔硫烷，这是一种强效的抗炎化合物。富含莱菔硫烷的菜花芽苗在刺激抗氧化反应方面具有明显的生物效应。

胡萝卜

胡萝卜中的 β－胡萝卜素能有效预防花粉过敏症、过敏性皮炎等过敏反应。

金针菇

经常食用金针菇可以提高机体免疫力，从而增强易过敏人群的体质。而且，金针菇中含有一种具有抗过敏作用的蛋白，对湿疹、哮喘、鼻炎等过敏性疾病，有较好的抑制作用。

番茄

番茄富含维生素 C。维生素 C 有助于抑制炎症，从而防止过敏症状的出现，如鼻塞。

西蓝花浓汤

准备好：

西蓝花 50 克，牛奶 50 毫升。

这样做：

① 西蓝花掰成小朵，用水清洗干净。

② 锅里放入适量清水，水开后把西蓝花放进锅里焯熟，沥干水备用。

③ 把西蓝花和牛奶放进料理机里打成汁，然后将西蓝花浓汤放回锅内加热 2 分钟即可。

喂养小叮咛：

西蓝花是一种常见的蔬菜，也是一种抗过敏的蔬菜，因为西蓝花中含有莱菔硫烷，这种成分能有效抑制过敏原对呼吸道造成的不良影响，从而减少过敏性哮喘、过敏性鼻炎的发生。常吃西蓝花，可促进宝宝生长、维持牙齿及骨骼正常、保护视力、提高记忆力。1 岁以下的宝宝食用时，可将牛奶改成配方奶。

苹果酸奶沙拉 

准备好：

苹果 150 克，酸奶 100 克，橙子 100 克。

这样做：

① 苹果洗净后去皮、核，切成小丁。

② 橙子去皮、籽，也切成同样大小的小丁。

③ 将酸奶拌入混合好的苹果丁和橙子丁内即可。

喂养小叮咛：

苹果中含有神奇的“苹果酚”，能缓解过敏症状，有一定的抗过敏作用。如果小宝宝吃，要把苹果和橙子颗粒做得更加小。

海带薏米冬瓜素汤 

准备好：

海带 50 克，冬瓜 100 克，薏米 20 克。

这样做：

① 薏米洗净后用水浸泡一晚上。

② 冬瓜去皮，洗净后切薄片；海带洗净后切成小片。

③ 小汤锅加水，放入所有食材一同煮至软烂即可。

喂养小叮咛：

海带薏米冬瓜素汤有很好的健脾祛湿的作用，能清热祛痘，对缓解湿疹症状有很好的作用。

宝宝咳嗽

宝宝咳嗽是常发生的事，很多妈妈常常用各种所谓“有效”的方法为宝宝治疗疾病。各位妈妈请注意了，很多食物不仅不能帮助宝宝恢复健康，而且还会使宝宝的病情更加严重。除此之外，宝宝咳嗽的病因有很多种，妈妈们也要分清楚，对症下药。咳嗽有初咳、慢性咳嗽、支气管炎引发的咳嗽、哮喘、秋燥咳嗽、积食性咳嗽、过敏性咳嗽等。但是不论是哪种咳嗽，宝宝都应该积极喝水，饮食保持清淡，忌油腻、油炸、冷饮、鱼腥等食物。常见的去肺火食材有梨、马蹄、萝卜、菊花等。

宝宝咳嗽期间饮食禁忌

①**忌寒凉食物**。咳嗽时不宜吃冷饮或冷冻饮料。中医认为，身体一旦受了寒，就会伤及人体的肺，而咳嗽大多是因肺部疾患引起的。如果此时再吃冷饮，就容易造成肺气闭塞，症状加重，日久不愈。

②**忌肥甘厚味**。中医认为，咳嗽多为肺热引起，儿童尤其如此。日常饮食中多吃肥甘厚味会产生内热，加重咳嗽。此外，油炸食物也不宜多吃。因为油炸食品会加重胃肠负担，滋生痰液，加重咳嗽。

③**忌鱼腥虾蟹**。咳嗽患儿在进食鱼腥类食品后咳嗽会加重，这与腥味刺激呼吸道和对鱼虾食品的蛋白过敏有关。尤其是对某些鱼、蛋过敏的宝宝更应注意避免这类食物。

④**忌甜酸食物**。酸食会敛痰，使痰不易咳出，导致咳嗽难愈。多吃甜食会使炎症难以痊愈。

⑤**忌吃得太咸**。吃得太咸易诱发咳嗽或使咳嗽加重。

⑥**忌花生、瓜子、巧克力等**。上述食品含油脂较多，食后易滋生痰液，使咳嗽加重。

⑦**忌食用补品**。不少家长会给体质虚弱的孩子服用补品，但宝宝咳嗽未愈前应停服补品，以免使咳嗽难愈。

推荐食谱

水梨米汤

准备好：

梨 50 克，大米 30 克。

这样做：

① 将梨在清水中洗净，去除皮、核，切成小块，用榨汁机榨出梨汁备用。

② 将大米在清水中淘洗干净，然后放入清水锅中熬煮成大米汤。

③ 将梨汁和大米汤以 1 ： 1 的比例搅匀即可。

喂养小叮咛：

梨对小儿肠炎、便秘、厌食、消化不良、肺热等有一定的疗效，因此，梨与米汤搭配喂宝宝是不错的选择。梨有些寒凉，处于腹泻中的宝宝暂时不要食用。

马蹄爽

准备好：

马蹄（荸荠）150 克。

这样做：

① 马蹄洗净，去皮，切成小块。

② 马蹄块放入汤锅中，加适量水煮 10 分钟，过滤后取汁即可。

喂养小叮咛：

马蹄性寒，马蹄水能化痰、清热。此方对热性咳嗽且有痰的宝宝效果很好。

盐蒸橙子

准备好：

橙子 200 克，盐 2 克。

这样做：

① 彻底洗净橙子，可先在盐水中浸泡一会儿再洗净外表。

② 将橙子割去顶，露出橙肉，将少许盐均匀撒在橙肉上，用筷子戳几下，便于盐分渗入，可用牙签插住橙子固定。

③ 将橙子装在碗中，上锅蒸，水开后再蒸 10 分钟左右，取出后去皮，取果肉连同蒸出来的水一起吃。

喂养小叮咛：

切橙子时可以像做橙盅那样，切去橙子高度的 1/5 左右即可。这道辅食对感冒引起的咳嗽有减轻作用。1 岁宝宝一天可吃 1 ～ 2 个橙子。

宝宝感冒

普通感冒，即医学上所称的上呼吸道感染，由各种病原引起，是儿童最常见的疾病。

换季时气温变化大，对于体温调节中枢和免疫功能尚未发育完善的小宝宝来说，稍有风吹草动，他们就易感冒，表现为发热、咽痛、声嘶、咳嗽、气喘等，要提高宝宝免疫力，一定要注意饮食均衡、营养全面。

感冒期间可以让宝宝多吃一些含维生素C丰富的水果和果汁，吃一些清淡和容易消化的流质或半流质食物，如菜汤、稀粥、瘦肉汤等。病情恢复后期，可以多给宝宝补充瘦肉、鱼、豆腐等高蛋白食物，促进身体恢复。

感冒宝宝的饮食安排

①可补充一些易于消化的流质或半流质食物，如稀粥、牛奶、豆浆、菜汤、青菜汁、水果汁等。

②可适量服一些有辅助治疗、抗病作用的食物，如葱、姜、蒜、紫苏叶、芫荽、醋等。这些食物能发散风寒，行气健胃，均为治疗感冒气滞之佳品。

③风热感冒者宜吃辛凉疏风、清热利咽的食物，如生吃适量鲜梨。

④忌食油腻、黏滞、燥热之物。风热感冒发热期，应忌食油腻荤腥及甘甜食品，还忌过咸食物如咸菜、咸带鱼等。

⑤不吃香菜。虽然它温中健胃，但其味辛能散，多食或久食则易耗气，易患感冒的这类人常气虚，吃香菜后会更易感冒。

胡萝卜荸荠粥

准备好：

胡萝卜 150 克，荸荠 250 克，大米 50 克。

这样做：

① 胡萝卜洗净切片，荸荠去皮拍裂。

② 大米淘洗干净，放入锅中，加适量水和胡萝卜片、荸荠，大火煮沸后改小火熬煮成粥。

③ 粥成后，以少许糖或盐调味，即可食用。

喂养小叮咛：

这道粥清热消食，能止咳、祛痰、利尿，润肠通便，适用于风热感冒。

橘皮姜丝汤

准备好：

橘皮 15 克，姜 10 克，冰糖适量。

这样做：

① 橘皮洗净后切丝；姜洗净后去皮，也切成丝。

② 锅中加清水，把姜丝放进去，用大火煮开，然后转小火煮 3 分钟。

③ 加入橘皮丝、冰糖，煮 3 分钟即可。

喂养小叮咛：

这款汤适合风寒感冒的宝宝。橘皮和姜都是辛温食材，可以祛风寒、发汗解表、通气。

双白玉粥

准备好：

粳米 50 克，大白菜 200 克，葱白 20 克，生姜 10 克，盐少许。

这样做：

① 粳米淘洗干净，凉水浸泡半小时；大白菜去杂，洗净，切片；葱白和生姜洗净，切片。

② 粳米加水熬粥，沸腾后加入切片的大白菜（主要用菜心和菜帮）、切片的葱白和生姜，共煮至白菜、葱白变软，粥液黏稠时，起锅加少许盐后食用。

妈妈喂养经：

此粥温服可促进出汗，驱散寒气，又能调和胃气，使之发汗而不伤正气。

宝宝发热

发热，俗称发烧，是儿童的常见症状之一，许多疾病都可以引起发热，它是人体患病的一种防御性反应。若宝宝腋温超过37.4℃，且一日间体温波动超过1℃以上，即可认为是发热。低热腋温为37.5 ~ 38℃、中度热为38.1 ~ 39℃、高热为39.1 ~ 41℃、超高热则为41℃以上。

发热的宝宝抵抗力下降，如果发热持续时间过长或体温过高，可使体内营养素大量消耗，机体代谢紊乱，各器官功能受损，高热还可引起高热惊厥。

所以对发热的宝宝必须进行良好的护理，使宝宝安全度过发热期，以使其早日康复。

发热宝宝适合吃什么

发热时的饮食以流质、半流质为主

稍大宝宝发热时的饮食以流质、半流质为主。常用的流质有牛奶、米汤、绿豆汤、少油的荤汤及各种鲜果汁等。夏季喝适量绿豆汤（加少量糖），既清凉解暑又有利于补充水分。

好转时可改半流质饮食

宝宝体温下降，食欲好转时，可改喂半流质饮食，如藕粉、代乳粉、粥、鸡蛋羹、面片汤等。以清淡、易消化为原则，少量多餐。不必盲目忌口，以防营养不良，抵抗力下降。

对于发热时食欲不振的宝宝，不要太勉强进食，且应注意水分的补充。

注意补充高蛋白食物

发热是一种消耗性病症，因此还应给宝宝补充含高蛋白的食物，如肉、鱼、蛋等，且要少油腻食物；为了弥补宝宝发热期间的营养损失，应每日加餐1 ~ 2次，需要提醒的是，加餐一直要到疾病恢复后1 ~ 2周后再停止。

西瓜汁

准备好：

西瓜 200 克。

这样做：

① 用勺挖出果肉，去籽。

② 将果肉放入榨汁机内榨成汁即可。

喂养小叮咛：

宝宝在发热的时候，补水是非常重要的，因此，在感冒发热期间，不妨适量地让宝宝饮用一些西瓜汁。西瓜汁具有清热、利尿的功效。

香蕉牛奶

准备好：

香蕉 150 克，牛奶 100 毫升。

这样做：

① 香蕉去皮，切成小块。

② 将牛奶和香蕉块一同放入搅拌机内搅打均匀即可。

喂养小叮咛：

宝宝在发热期间如果能吃一些水果，有助于退热。对于不满 1 岁的宝宝，可用配方奶代替牛奶。

梨汁马蹄饮

准备好：

水晶梨 200 克，马蹄 5 个。

这样做：

① 梨和马蹄洗净后去皮，分别切成小丁。

② 梨和马蹄一起放入榨汁机里打成汁。

喂养小叮咛：

妈妈也可以用料理机，如果果肉不容易打碎，可以加少许水，用筛网把汁过滤出来，以免影响口感和效果。

宝宝便秘

便秘是经常困扰妈妈们的宝宝常见病症。大便干硬，隔时较久，有时 2~3 天排 1 次便，有时还排便困难……这些便秘症状的诱因很多，常见原因是消化不良，妈妈可以通过饮食调理加以改善。最重要的方法就是均衡膳食，增加膳食纤维的摄入。膳食纤维能促进肠道蠕动，从而使排便通畅。宝宝可以多吃一些富含纤维素的食物，如果泥、果蔬汁、菜泥等。蔬菜、水果、杂粮、薯类都是富含膳食纤维的食材，妈妈每天必须保证宝宝蔬菜的摄入，蔬菜以深色蔬菜为主，绿叶菜最好占一半左右。如果宝宝生活不规律，没有养成正常的排便习惯，也容易导致便秘，因此，妈妈要帮助宝宝养成定时排便的习惯，这也很重要。

如何防治宝宝便秘

改善饮食

哺乳期最好实行母乳喂养。如果实在没有条件，就要给人工喂养的宝宝适量喝一些水或稀释的鲜榨果蔬汁，以增加宝宝肠道内的纤维素数量，促进胃肠蠕动，促使排便通畅。宝宝开始如大人般饮食后，增加宝宝的纤维摄入量，适量给宝宝吃一些谷类或面包，以及梅子、李子、杏和西蓝花之类的水果及蔬菜。每天保证充足的水分摄入，让宝宝至少每五六个小时有一次小便。

培养宝宝定时排便的习惯

根据宝宝的进食规律弄清楚宝宝的排便时间，到时间就适当帮宝宝把把大便，以培养宝宝的便意。

增加活动量

父母应该保证宝宝每天达到一定的活动量，不要长时间让宝宝独自待在婴儿床上。

按摩通便

让宝宝仰卧，手掌向下平放在宝宝脐部，以肚脐为中心顺时针摩腹，按摩 10 次休息 5 分钟，再按摩 10 次。每天按摩 3 次。

香蕉大米粥

准备好：

香蕉 50 克，大米 20 克。

这样做：

① 香蕉去皮后切成小块，再用勺子背面压成糊状。

② 将大米淘洗干净，放入清水锅中，熬煮成大米粥。

③ 把香蕉糊放入大米粥中，再加入少许温水混合均匀，边煮边搅拌，5 分钟后熄火即可。

喂养小叮咛：

香蕉富含纤维素，还有维生素 A 和维生素 C，是促进宝宝肠道运动的好食材！妈妈们一定要常备！大一点的宝宝吃这款粥时，可以保留香蕉颗粒，切成小块即可。

甜玉米汤 

准备好：

新鲜甜玉米100克，鸡蛋1个，水淀粉20克。

这样做：

① 将玉米剥皮，掰下玉米粒，用清水洗净；鸡蛋磕入碗中，搅散。

② 锅中加入半锅清水，开大火将玉米粒煮开，边搅边将打好的鸡蛋液倒入锅中，慢慢形成蛋花状。

③ 将水淀粉慢慢加入汤中，搅拌至有点稠即可。

喂养小叮咛：

玉米中含有大量的纤维素，可以刺激胃肠道蠕动，缩短肠内食物残渣的停留时间，有效地加速粪便排泄，从而把有害物质带出体外，对宝宝便秘有很好的防治作用。

紫甘蓝苹果玉米沙拉 

准备好：

苹果100克、紫甘蓝50克、酸奶100克，玉米粒50克。

这样做：

① 苹果洗净后去皮、核，切丁；紫甘蓝洗净后切碎。

② 将玉米粒加入锅中煮熟，捞起，放至温热。

③ 玉米粒和苹果丁、紫甘蓝碎混合后淋入酸奶即可。

喂养小叮咛：

缓解宝宝便秘，苹果是首选。苹果中所含的果胶能使宝宝大肠内的大便变软；苹果丰富的纤维素可刺激宝宝肠道蠕动，促使大便通畅。因此，吃新鲜的苹果或者饮苹果汁能缓解便秘症状。

宝宝腹泻

腹泻是婴幼儿期宝宝经常会发生的病症。腹泻也有很多种类型，有生理性腹泻、感染性腹泻、胃肠功能紊乱性腹泻等。除了感染性腹泻需要根据医生的处方治疗外，很多腹泻的治疗是以饮食调理为主的。就算是发生感染性腹泻的宝宝，也需要饮食辅助治疗。除了要多喝水，补充身体丢失的水分外，腹泻的宝宝在食物的选择上，应选择容易消化的食物，寒凉性的食物尽量不吃，否则，会加重腹泻。

怎样护理腹泻宝宝

不必禁食

不论何种原因的腹泻，宝宝的消化道功能虽然降低了，但仍可消化部分营养物质，所以吃母乳的宝宝应继续哺喂，只要宝宝想吃，就可以喂。喂配方奶的宝宝每次奶量可以减少 1/3 左右，同时稍多加水稀释。已经加粥等辅助食品的宝宝，可将这些辅食数量稍微减少，少食多餐。

保证喂水

宝宝腹泻很容易造成脱水，应及时喂水，并及早发现脱水症状。当宝宝腹泻严重，伴有呕吐、发烧、口唇发干、尿少或无尿、眼窝下陷、在短期内消瘦、皮肤“发蔫”、哭而无泪等状况时，这说明宝宝已经脱水严重了，应及时将宝宝送到医院去进行治疗。

做好家庭护理

家长应注意宝宝腹部保暖，以减少肠蠕动，可以用毛巾裹腹部或用热水袋敷腹部；注意让宝宝多休息，排便后用温水清洗臀部，防止红臀发生，还应把尿布清洗干净，煮沸消毒，晒干再用，或用尿不湿。

焦米糊

准备好:

大米50克。

这样做:

① 将大米炒至焦黄，用搅拌机研成细末。

② 焦米粉加入适量的水，煮成糊即可。

喂养小叮咛:

焦米粉的炭化结构有较好的吸附止泻的作用。每次可以喝15~30毫升。宝宝腹泻好了，就要停喝焦米糊，以免引起便秘。

蒸苹果泥

准备好:

苹果150克。

这样做:

① 苹果清洗干净，去皮、核，切小块，用搅拌机搅打成泥。

② 将苹果泥放入蒸锅，隔水蒸熟即可。

喂养小叮咛:

蒸熟的苹果中含有鞣酸，具有收敛作用，并能吸附水分，故适合宝宝在患单纯性轻度腹泻时食用。

胡萝卜汁汤面 

准备好：

胡萝卜 120 克，面条 100 克。

这样做：

① 将胡萝卜清洗干净，去皮，切成小块，放入榨汁机中榨成汁。

② 胡萝卜汁加水煮开，放入面条煮熟即可。

喂养小叮咛：

这道辅食很适合腹泻刚刚停止的宝宝，可以很好地补充宝宝腹泻期间流失的水分，又有足够的碳水化合物，能促进宝宝康复。面条尽量煮烂一点，腹泻刚好的宝宝消化能力还没有恢复，煮得软一点更加适合宝宝。

图书在版编目（C I P）数据

辅食每周怎么吃 / 艾贝母婴研究中心编著. -- 成都:
四川科学技术出版社, 2019.5
ISBN 978-7-5364-9451-0

Ⅰ. ①辅… Ⅱ. ①艾… Ⅲ. ①婴幼儿－食谱 Ⅳ.
①TS972.162

中国版本图书馆CIP数据核字(2019)第074773号

辅食每周怎么吃
FUSHI MEIZHOU ZENME CHI

出 品 人　钱丹凝
编 著 者　艾贝母婴研究中心
责任编辑　王星懿　戴　玲
封面设计　仙　境
责任出版　欧晓春
出版发行　四川科学技术出版社
地址　成都市槐树街2号　邮政编码　610031
官方微博　http://e.weibo.com/sckjcbs
官方微信公众号　sckjcbs
传真　028-87734035
成品尺寸　170mm×230mm
印　　张　13
字　　数　200千
印　　刷　北京尚唐印刷包装有限公司
版次/印次　2019年6月第1版　2019年6月第1次印刷
定　　价　39.80元

ISBN 978-7-5364-9451-0

本社发行部邮购组地址：四川省成都市槐树街2号
电话：028-87734035　邮政编码：610031